大学数学の入門 ❸

代数学 III
体とガロア理論

桂 利行 ──［著］

東京大学出版会

Algebra III Fields and Galois Theory
(Introductory Texts for Undergraduate Mathematics 3)
Toshiyuki KATSURA
University of Tokyo Press, 2005
ISBN978-4-13-062953-9

はじめに

　2次方程式にはよく知られた根の公式がある．3次方程式，4次方程式にも16世紀に発見された同様の根の公式があり，それぞれカルダノの公式，フェラリの公式と呼ばれている．それでは，5次以上の方程式に対しても同様の根の公式が存在するのであろうか．19世紀前半，アーベルはこの問題を取り上げ，否定的な解答を与えた．少し遅れて，ガロアは群の概念を導入し，根の公式の問題を群の性質としてとらえ，この問題の本質を明らかにした．彼が発表した論文はすぐには受け入れられなかったが，後に体の代数的拡大と群の関係を与える代数学の標準的な理論として定着することとなった．

　本書では，ガロア理論の解説を行う．第1章ではそのために必要な体の代数的拡大の理論を整備する．超越的拡大の理論はガロア理論そのものを理解するためにはとくに必要ではないが，体の理論として欠くことのできないものであるから，最終節において要点の解説を行った．この節は省略してもガロア理論を理解するだけであればとくに問題ないであろう．第2章においてガロアの基本定理とそのいくつかの応用を解説した．代数方程式の可解性，定規とコンパスによる作図可能性などの問題はガロア理論が応用される代表的な例である．第3章ではさらに進んだガロア理論の応用を扱う．初学者が学ぶ内容としては多少高度なことも含んでいるが，ガロア群が体の構造とどのように関わるか明らかにするために記述した．

　本書の第1章，第2章の部分は，東京大学理学部数学科3年次後期に著者が行った「代数学III」という科目の講義に基づいている．ガロア理論を解説した教科書はすでに多々あるが，本書では個性的な本を目指さず，初学者を念頭において直接的で標準的な記述の仕方を心がけた．また，できるだけ自己包含的になるようにしたが，それでも本書を読むにあたって代数学の基礎的な知識は必要である．たとえば，本書に先だって出版された『代数学I　群と環』の内容は既知としている．

　ガロア理論は，代数的数論，類体論へとつながる基本的な理論であるばかりでなく，数学のさまざまな分野において数学理論の1つの雛形となってい

る．本書によって，学部数学科で学ぶもっとも美しい理論のひとつであるガロア理論に魅力を感じ，さらに壮大な数学の世界へと進むきっかけとなれば幸いである．

　最後に，本書の発行にあたりいろいろお世話いただいた財団法人東京大学出版会編集部の丹内利香さんに心から感謝したい．

2005 年 6 月　東京にて
桂　利行

目次

はじめに …………………………………………………………………… iii

第 1 章 体の理論 …………………………………………………………… 1
- 1.1 拡大体 ………………………………………………………………… 1
- 1.2 代数的拡大 …………………………………………………………… 9
- 1.3 分解体 ………………………………………………………………… 11
- 1.4 代数的閉体 …………………………………………………………… 14
- 1.5 分離拡大体，非分離拡大体 ………………………………………… 19
- 1.6 体の同型写像 ………………………………………………………… 25
- 1.7 ガロア拡大 …………………………………………………………… 31
- 1.8 超越的拡大 …………………………………………………………… 37
- 章末問題 ………………………………………………………………… 41

第 2 章 ガロア理論 ………………………………………………………… 45
- 2.1 ガロアの基本定理 …………………………………………………… 45
- 2.2 ガロア群の計算例 …………………………………………………… 47
- 2.3 円分体 ………………………………………………………………… 53
- 2.4 トレースとノルム …………………………………………………… 57
- 2.5 有限体 ………………………………………………………………… 59
- 2.6 巡回クンマー拡大 …………………………………………………… 62
- 2.7 方程式のべき根による解法 ………………………………………… 66
- 2.8 2 次方程式，3 次方程式，4 次方程式 …………………………… 70
- 2.9 定規とコンパスによる作図 ………………………………………… 76
- 2.10 作図問題の具体例 ………………………………………………… 79
- 章末問題 ………………………………………………………………… 84

第 3 章　ガロア理論続論 87
3.1　代数学の基本定理 87
3.2　正規底 89
3.3　ガロア・コホモロジー 93
3.4　クンマー拡大 99
3.5　アルティン・シュライアー拡大とヴィットの理論 104
章末問題 111

問題の略解 113

参考文献 127

記号一覧 129

索引 130

人名表 132

第 1 章 体の理論

1.1 拡大体

まず，1 を持つ可換環の定義からはじめよう．

定義 1.1.1 空でない集合 R に和 (addition)「+」と積 (multiplication)「·」の 2 つの 2 項演算が定義されていて，次の条件を満たすとき，R を **1 を持つ可換環** (unitary commutative ring) という．
  (R1) 和に関し可換群である．
  (R2) 積に関し単位元を持つ可換半群である．すなわち，次の 3 条件を満たす．
    (R2 − 1) 積に関し結合法則を満たす．すなわち，任意の $a, b, c \in R$ に対し，
$$a \cdot (b \cdot c) = (a \cdot b) \cdot c$$
    が成り立つ．
    (R2 − 2) 積に関する単位元 1 を持つ．
    (R2 − 3) 積に関し交換法則を満たす．すなわち，任意の $a, b \in R$ に対し，$a \cdot b = b \cdot a$ が成り立つ．
  (R3) 分配法則を満たす．すなわち，任意の $a, b, c \in R$ に対し，
$$a \cdot (b + c) = a \cdot b + a \cdot c,$$
$$(a + b) \cdot c = a \cdot c + b \cdot c$$
が成り立つ．

積の記号「·」はしばしば省略され，$a \cdot b$ を ab と書くことが多い．本書で中心的な役割を果たすのは次のように定義される体という代数系である．

定義 1.1.2　K が 1 を持つ可換環で，さらに次の条件を満たすとき**体** (field) という．

(R4) $K \setminus \{0\}$ の任意の元に対し，積に関する逆元が存在する．

K が体ならば，条件 (R2), (R4) より，$K \setminus \{0\}$ は積に関し可換群になる．

【例 1.1.3】　有理数全体の集合 $\mathbf{Q}$ はふつうの和と積に関して体となる．これを**有理数体** (field of rational numbers) という．同様に，自然な和と積を考えて，実数全体の集合 $\mathbf{R}$ を**実数体** (field of real numbers)，複素数全体の集合 $\mathbf{C}$ を**複素数体** (field of complex numbers) という．整数全体の集合 $\mathbf{Z}$ は自然な和と積に関して 1 を持つ可換環であるが，体にはならない．p を素数とするとき，$\mathbf{F}_p = \mathbf{Z}/p\mathbf{Z}$ は有限個の元からなる体（有限体）になる．

【例 1.1.4】　$\mathbf{H} = \mathbf{R}1 + \mathbf{R}i + \mathbf{R}j + \mathbf{R}k$ を $1, i, j, k$ を基底とする $\mathbf{R}$ 上の 4 次元ベクトル空間とし，和はベクトル空間としての和

$$(a_1 + a_2 i + a_3 j + a_4 k) + (b_1 + b_2 i + b_3 j + b_4 k) \\ = (a_1 + b_1) + (a_2 + b_2)i + (a_3 + b_3)j + (a_4 + b_4)k,$$

積は

 1 を単位元，
 $i^2 = j^2 = k^2 = -1, \ ij = -ji = k, \ jk = -kj = i, ki = -ik = j$

を分配法則によって自然に $\mathbf{H}$ の元全体に延長することによって定義する．$\mathbf{H}$ を**ハミルトンの四元数体** (Hamilton quaternion field) という．これは積が非可換であるから体ではない．このように体の定義から積の可換性 (R2 − 3) を除いた代数系を**斜体** (s-field) という．

零元 0 だけからなる集合も体になり得るが，本書では体として $\{0\}$ ではないもののみを考える．

定義 1.1.5　E を体とする．E の部分集合 F が，E に与えられた和と積によって体になるとき，F を E の**部分体** (subfield) という．また，このとき，E は F の**拡大体** (extension field) であるという．

E が F の拡大体であるとき,E/F とか

$$\begin{array}{c} E \\ | \\ F \end{array}$$

と書く.E/F を拡大,あるいは体の拡大ということもある.$E \supset K \supset F$ を体の拡大の列とするとき,K を体 E と F の**中間体** (intermediate field) という.

E/F を体の拡大とする.$E \ni \alpha$ に対し,

$$J_\alpha = \{f(X) \in F[X] \mid f(\alpha) = 0\}$$

とおく.J_α は $F[X]$ のイデアルになる.

定義 1.1.6 上記の記号の下に,$J_\alpha \neq (0)$ のとき α は F 上**代数的** (algebraic),$J_\alpha = (0)$ のとき α は F 上**超越的** (transcendental) という.

【例 1.1.7】 $\mathbf{C}/\mathbf{Q}$ なる体の拡大を考える.$J_i = (X^2+1) \subset \mathbf{Q}[X]$ だから,$i = \sqrt{-1}$ は $\mathbf{Q}$ 上代数的である.また,$J_{\sqrt{2}} = (X^2-2)$ だから,$\sqrt{2}$ も $\mathbf{Q}$ 上代数的である.π(円周率),e(自然対数の底)が $\mathbf{Q}$ 上超越的であることはよく知られている(1.4 節参照).

$E \ni \alpha$ を F 上代数的な元とするとき $F[X]$ は単項イデアル整域だから,$p(X) \in F[X]$ があって,

$$J_\alpha = (p(X))$$

と書ける.イデアルの生成元を単元倍しても同じイデアルを生成する.$p(X)$ の最高次係数を $a \in F$ とし,$p(X)$ のかわりに $a^{-1}p(X)$ をとることにより,$p(X)$ の最高次係数は 1 であるとしてよい.最高次係数が 1 の多項式を**モニック** (monic) という.$p(X)$ は J_α に含まれる,0 以外で次数最小の元である.$p(X)$ を α の F 上の**最小多項式** (minimal polynomial) といい,$\deg p(X)$ を α の F 上の**次数** (degree) という.

命題 1.1.8 $f(X) \in F[X]$ に対し

$$f(\alpha) = 0 \quad \Leftrightarrow \quad p(X) | f(X).$$

とくに $p(X)$ は F 上既約である．

証明 前半は自明である．$p(X)$ が可約なら

$$p(X) = p_1(X)p_2(X),\ (p_i(X) \in F[X],\ \deg p_i(X) \geq 1\ (i=1,2))$$

と書ける．$0 = p(\alpha) = p_1(\alpha)p_2(\alpha)$ より，$p_1(\alpha) = 0$ または $p_2(\alpha) = 0$. 前者なら $p_1(X) \in J_\alpha$ となり，$a(X) \in F[X]$ があって $p_1(X) = a(X)p(X)$ となるが，次数を比べればこれはあり得ない．後者も同様. ∎

【例 1.1.9】 $E \ni \alpha$ に対し，

$$\alpha \text{ は } F \text{ 上 1 次} \quad \Leftrightarrow \quad \alpha \in F.$$

【例 1.1.10】 $\mathbf{C}/\mathbf{Q}$ において，$\sqrt{2}, i$ は $\mathbf{Q}$ 上 2 次である．これらは，$X^2 - 2$ および $X^2 + 1$ が $\mathbf{Q}$ 上既約であることからわかる．また，$\sqrt[3]{2}$ は $\mathbf{Q}$ 上 3 次である．これを示すには，素数 $p = 2$ に対してアイゼンシュタインの既約性判定法を用いて，$X^3 - 2$ が既約であることを示せばよい．

定義 1.1.11 拡大 E/F に対し，E を F 上のベクトル空間とみる．ベクトル空間としての E の F 上の基底を拡大体 E の F 上の**基底** (basis) という．

定理 1.1.12 $E \supset K \supset F$ を拡大体の列，$\{\Omega_\lambda\}_{\lambda \in \Lambda}$ を E の K 上の基底，$\{\omega_\mu\}_{\mu \in M}$ を K の F 上の基底とする．このとき，$\{\Omega_\lambda \omega_\mu\}_{\lambda \in \Lambda, \mu \in M}$ は E の F 上の基底である．

証明 任意の $\Theta \in E$ をとる．基底の定義から，$a_\lambda \in K$ で

$$\Theta = \sum_\lambda a_\lambda \Omega_\lambda$$

となるものが存在する．このとき，再び基底の定義から，$b_{\lambda\mu} \in F$ で

$$a_\lambda = \sum_\mu b_{\lambda\mu} \omega_\mu$$

となるものが存在する．ゆえに，

$$\Theta = \sum_\lambda \sum_\mu b_{\lambda\mu}(\Omega_\lambda \omega_\mu) \quad (b_{\lambda\mu} \in F)$$

と書ける．つまり，$\{\Omega_\lambda \omega_\mu\}_{\lambda \in \Lambda, \mu \in M}$ は F 上 E を生成する．

次に，

$$\sum_{\lambda,\mu} c_{\lambda\mu}(\Omega_\lambda \omega_\mu) = 0 \quad (c_{\lambda\mu} \in F)$$

とする．このとき，$\sum_\mu c_{\lambda\mu} \omega_\mu \in K$ かつ $\sum_\lambda (\sum_\mu c_{\lambda\mu} \omega_\mu)\Omega_\lambda = 0$ であるが，$\{\Omega_\lambda\}_{\lambda \in \Lambda}$ の K 上の線形独立性から

$$\sum_\lambda c_{\lambda\mu} \omega_\mu = 0$$

を得る．また，$\{\omega_\mu\}_{\mu \in M}$ の F 上の線形独立性から $c_{\lambda\mu} = 0$（λ, μ は任意）を得る．よって定理は証明された． ∎

定義 1.1.13 拡大 E/F に対し，F 上のベクトル空間としての E の次元 $\dim_F E$ を E の F 上の**拡大次数**，または**次数** (degree) といい，$[E : F]$ と書く．$[E : F] < \infty$ のとき，E は F の**有限次拡大体** (finite extension field)，とくに $[E : F] = n$ のとき，E は F の n 次拡大という．また，$[E : F] = \infty$ のとき，E は F の**無限次拡大体** (infinite extension field) という．

定理 1.1.12 から次の系がただちにしたがう．

系 1.1.14 $E \supset K \supset F$ を体の拡大の列とすれば，

$$[E : F] = [E : K][K : F]$$

が成り立つ．

【**例 1.1.15**】 $[\mathbf{C} : \mathbf{R}] = 2$ である．$\mathbf{C}$ の $\mathbf{R}$ 上の基底は，たとえば $\langle 1, i \rangle$ で与えられる．

【**例 1.1.16**】 $\mathbf{Q}$ 上の 1 変数有理式全体のなす体 $\mathbf{Q}(X)$ を $\mathbf{Q}$ 上の **1 変数有理関数体** (rational function field) という．$1, X, X^2, \cdots$ は $\mathbf{Q}$ 上 1 次独立であ

るから，$\mathbf{Q}(X)/\mathbf{Q}$ は無限次拡大である．

【例 1.1.17】 E/F を体の拡大とする．このとき，

$$[E:F] = 1 \Leftrightarrow E = F,$$

$$[E:F] = p\,(\text{素数}) \Rightarrow \text{中間体は } E \text{ と } F \text{ のみ}$$

が成り立つ．前半は拡大次数の定義からしたがい，後半は前半と系 1.1.14 からしたがう．

定義 1.1.18 拡大 E/F において，$E \ni \alpha_1, \cdots, \alpha_n$ とする．部分体 F と $\{\alpha_1, \cdots, \alpha_n\}$ を含むような E の最小の部分体を $F(\alpha_1, \cdots, \alpha_n)$ と書き，F 上 $\alpha_1, \cdots, \alpha_n$ で生成された部分体，または F に $\alpha_1, \cdots, \alpha_n$ を添加して得られる部分体という．

注意 1.1.19 F と $\{\alpha_1, \cdots, \alpha_n\}$ を含む E の部分体全体を $\{K_\lambda\}_{\lambda \in \Lambda}$ とすれば

$$F(\alpha_1, \cdots, \alpha_n) = \bigcap_{\lambda \in \Lambda} K_\lambda$$

となる．なぜならば，$F(\alpha_1, \cdots, \alpha_n)$ も右辺の族に属する体の 1 つだから

$$F(\alpha_1, \cdots, \alpha_n) \supset \bigcap_{\lambda \in \Lambda} K_\lambda$$

となる．また，体 $F(\alpha_1, \cdots, \alpha_n)$ の最小性から逆向きの包含関係を得る．

定義 1.1.20 拡大 E/F において，$\theta \in E$ が存在して $E = F(\theta)$ となるとき，E は F の**単純拡大体** (simple extension) という．

【例 1.1.21】 拡大 $\mathbf{Q}(\sqrt{2}, \sqrt{3})/\mathbf{Q}$ はみかけ上は単純拡大ではないが，

$$\mathbf{Q}(\sqrt{2}, \sqrt{3}) = \mathbf{Q}(\sqrt{2} + \sqrt{3})$$

が成り立つので単純拡大である．なぜならば，

$$\mathbf{Q}(\sqrt{2},\sqrt{3}) \supset \mathbf{Q}(\sqrt{2}+\sqrt{3})$$

は明らかであり，また

$$1/(\sqrt{2}+\sqrt{3}) = \sqrt{3}-\sqrt{2} \in \mathbf{Q}(\sqrt{2}+\sqrt{3})$$

より，

$$\sqrt{3} = \{(\sqrt{2}+\sqrt{3})+(\sqrt{3}-\sqrt{2})\}/2 \in \mathbf{Q}(\sqrt{2}+\sqrt{3})$$

を得る．したがって，

$$\sqrt{2} = \sqrt{3}-(\sqrt{3}-\sqrt{2}) \in \mathbf{Q}(\sqrt{2}+\sqrt{3})$$

となり，逆向きの包含関係を得る．拡大次数は

$$[\mathbf{Q}(\sqrt{2},\sqrt{3}):\mathbf{Q}] = [\mathbf{Q}(\sqrt{2},\sqrt{3}):\mathbf{Q}(\sqrt{2})][\mathbf{Q}(\sqrt{2}):\mathbf{Q}] = 2\times 2 = 4$$

となる．

次の定理は，代数的な元の場合，体として生成することと，環として生成することが，結果的に同じになることを示している．

定理 1.1.22 $E=F(\theta)$ を F の単純拡大体とし，θ が F 上 n 次の代数的な元であるとする．このとき，$E=F[\theta]$ で $[E:F]=n$，かつ $1,\theta,\cdots,\theta^{n-1}$ が E の F 上の基底を与える．

証明 θ の F 上の最小多項式を $p(X)$ とする．このとき，$\deg p(X) = n$ で，$J_\theta = (p(X))$ となる．$p(X)$ は既約で $F[X]$ は単項イデアル整域だから，$(p(X))$ は極大イデアルになる．したがって，$F[X]/(p(X))$ は体になる．環の準同型写像

$$\begin{array}{rccc} \varphi: & F[X] & \longrightarrow & F[\theta] \\ & f(X) & \mapsto & f(\theta) \end{array}$$

を考えれば，準同型定理を用いて

$$F[X]/(p(X)) \cong F[\theta]$$

を得るから，$F[\theta]$ も体になる．よって，体 $F(\theta)$ の最小性より $F[\theta] = F(\theta) = E$ を得る．

任意の $f(X) \in F[X]$ をとれば，剰余定理から $q(X), r(X) \in F[X]$ があって

$$f(X) = q(X)p(X) + r(X), \ \deg r(X) < n$$

となる．$r(X) = a_0 + a_1 X + \cdots + a_{n-1} X^{n-1}$ $(a_i \in F)$ と表示すれば，$f(\theta) = r(\theta)$ を用いて，$F[\theta]$ の任意の元は

$$a_0 + a_1 \theta + \cdots + a_{n-1} \theta^{n-1}$$

と表せる．$1, \theta, \cdots, \theta^{n-1}$ が線形独立であることは，θ の最小多項式の次数が n であることからしたがう．ゆえに，$1, \theta, \cdots, \theta^{n-1}$ は E の F 上の基底であり，$[E:F] = n$ となる． ∎

【例 1.1.23】 拡大 $\mathbf{Q}(\sqrt{2})/\mathbf{Q}$ の１つの基底は $\langle 1, \sqrt{2} \rangle$，拡大 $\mathbf{Q}(\sqrt[3]{2})/\mathbf{Q}$ の１つの基底は $\langle 1, \sqrt[3]{2}, (\sqrt[3]{2})^2 \rangle$ で与えられる．

F, F' を体とする．体の中への単射準同型写像 $\sigma_0 : F \to F'$ があるとき，$F \ni a$ の像を a^{σ_0} と書く．

注意 1.1.24 体から体への準同型写像 φ は，零写像でなければ単射である．なぜならば，$\mathrm{Ker}\,\varphi$ は体のイデアルであるから (0) か全体になり，前者ならば単射，後者ならば零写像になるからである．

定義 1.1.25 $\sigma : E \to E'$ と $\sigma_0 : F \to F'$ が体の同型写像であるとする．

$$\begin{array}{ccc} E & \stackrel{\sigma}{\longrightarrow} & E' \\ \cup & & \cup \\ F & \stackrel{\sigma_0}{\longrightarrow} & F' \end{array}$$

なる可換図式があるとき，すなわち $a \in F$ に対し $a^\sigma = a^{\sigma_0}$ となるとき，σ は σ_0 の E への**延長**，または σ_0 は σ の F への**制限**という．$F = F'$ かつ $\sigma_0 = id$ (恒等写像) であるとき，σ は F 上の**同型写像** (isomorphism) という．

E から E' への F 上の同型写像が存在するとき，E と E' は F 上**同型** (isomorphic) であるといい，$E \stackrel{F}{\cong} E'$ とか $E \tilde{\to} E'$，または $E \cong E'$ と書く．さら

に $E = E'$ のとき,E から E への F 上の同型写像のことを E の F 上の**自己同型写像** (automorphism) という.σ を E の F 上の自己同型写像とするとき,$E \ni \alpha$ と α^σ は F **上共役** (conjugate) であるという.

【例 1.1.26】 拡大 $\mathbf{C}/\mathbf{R}$ において,複素共役 $a + b\sqrt{-1} \mapsto a - b\sqrt{-1}$ は $\mathbf{C}$ の $\mathbf{R}$ 上の自己同型写像である.体の拡大 E/F において,E の F 上の自己同型写像は複素共役の一般化であるといえる.

1.2 代数的拡大

定義 1.2.1 E/F を体の拡大とする.E の任意の元 α が F 上代数的であるとき,E は F の**代数的拡大**または**代数拡大** (algebraic extension) という.

定理 1.2.2 有限次拡大 E/F は代数的拡大である.

証明 $[E:F] = n < \infty$ とする.任意の元 $\alpha \in E$ に対し,$n+1$ 個の元 $1, \alpha, \alpha^2, \cdots, \alpha^n$ は F 上線形従属だから,$a_0, \cdots, a_n \in F$ が存在して,

$$\sum_{i=0}^{n} a_i \alpha^i = 0$$

となる.$f(X) = \sum_{i=0}^{n} a_i X^i \in F[X]$ とおけば,$f(\alpha) = 0$ となるから,$\alpha \in E$ は F 上代数的となる.∎

【例 1.2.3】 拡大 $\mathbf{C}/\mathbf{R}$ を考える.$[\mathbf{C}:\mathbf{R}] = 2$ より $\mathbf{C}/\mathbf{R}$ は代数的拡大である.実際,$\mathbf{C} \ni \alpha$ をとれば,$\alpha + \bar{\alpha}, \alpha\bar{\alpha}$ は実数であり,α は $X^2 - (\alpha + \bar{\alpha})X + \alpha\bar{\alpha} = 0$ の根になる.拡大 $\mathbf{C}/\mathbf{Q}$ は代数的でない.たとえば,円周率 π は $\mathbf{Q}$ 上超越的である(1.4 節参照).

【例 1.2.4】 $E = F(\theta)$ とし,θ を F 上 n 次とすれば定理 1.1.22 より $[E:F] = n$ である.したがって,定理 1.2.2 から $F(\theta)$ の元はすべて代数的である.

系 1.2.5 体の拡大 E/F において,

$$E_0 = \{\alpha \in E \mid \alpha \text{ は } F \text{ 上代数的}\}$$

とおく．このとき，E_0 は体になる．とくに，$\alpha_1, \alpha_2 \in E_0$ に対し，$\alpha_1 \pm \alpha_2$, $\alpha_1 \alpha_2$, α_1^{-1} ($\alpha_1 \neq 0$) は E_0 に含まれる．

証明 $\alpha_1, \alpha_2 \in E_0$ に対し，

$$[F(\alpha_1, \alpha_2) : F] = [F(\alpha_1, \alpha_2) : F(\alpha_1)][F(\alpha_1) : F] < \infty$$

である．$\alpha_1 \pm \alpha_2, \alpha_1\alpha_2, \alpha_1^{-1}$ ($\alpha_1 \neq 0$) は $F(\alpha_1, \alpha_2)$ に含まれるから F 上代数的であり，E_0 に含まれる．ゆえに E_0 は体になる． ∎

系 1.2.6 E/K, K/F を体の拡大とする．E/F が代数的拡大であるための必要十分条件は E/K および K/F が代数的拡大であることである．

証明 必要性は定義から明らか．$\theta \in E$ を任意の元とし，θ の K 上の最小多項式を $q(X) = X^n + \alpha_{n-1} X^{n-1} + \cdots + \alpha_0$ ($\alpha_i \in K$) とする．$i = 1, \cdots, n-1$ に対して

$$\ell_i = [F(\alpha_0, \cdots, \alpha_i) : F(\alpha_0, \cdots, \alpha_{i-1})]$$

とおけば，

$$\begin{aligned}
&[F(\theta, \alpha_0, \alpha_1, \cdots, \alpha_{n-1}) : F] \\
&= [F(\theta, \alpha_0, \cdots, \alpha_{n-1}) : F(\alpha_0, \cdots, \alpha_{n-1})] \times \ell_{n-1} \times \cdots \times \ell_1 \\
&\quad \times [F(\alpha_0) : F] < \infty
\end{aligned}$$

となる．よって，θ は F 上代数的である． ∎

【例 1.2.7】 体の拡大 E/F において，$E = F(\alpha_1, \cdots, \alpha_n)$, $\alpha_i \in E$ ($i = 1, \cdots, n$) とする．α_i ($i = 1, \cdots, n$) が F 上代数的ならば，$[E : F] < \infty$ となる．逆に，$[E : F] < \infty$ ならば，$\alpha_1, \cdots, \alpha_n \in E$ が存在して $E = F(\alpha_1, \cdots, \alpha_n)$ となる．なぜならば，前半は自明．任意の $\alpha \in E \backslash F$ をとれば，$[E : F(\alpha)][F(\alpha) : F] = [E : F]$ である．$[F(\alpha) : F] > 1$ だから $[E : F(\alpha)] < [E : F]$ となり，帰納法によって結果がしたがう．

1.3　分解体

定理 1.3.1　F を体とし，$f(X) \in F[X]$ を $\deg f(X) = n > 0$ なる多項式とする．このとき，F の拡大体 E で，$f(X)$ が $E[X]$ で n 個の 1 次式の積に分解するものが存在する．すなわち，E は $f(X) = 0$ の根をすべて含む．

証明　$p(X)$ が F 上の既約多項式のとき，$F[X]$ は単項イデアル整域であるから，$(p(X))$ は $F[X]$ の極大イデアルである．ゆえに，$K = F[X]/(p(X))$ とおけば，K は体である．標準的な準同型写像

$$\varphi : F[X] \longrightarrow F[X]/(p(X))$$

を考える．自然に $F \subset F[X]$ だから，φ を F に制限して，単射準同型写像

$$\varphi|_F : F \hookrightarrow F[X]/(p(X)) = K$$

を得る．この像を F と同一視する．$\varphi(X) = \xi$ とおけば

$$p(\xi) = p(\varphi(X)) = \varphi(p(X)) = 0$$

となる．よって，K は $p(X) = 0$ の根 ξ を含む体である．

以下 $\deg f = n$ に関する帰納法で示す．

$n = 1$ なら，$f(X) = aX + b$ $(a \neq 0)$ だから，根 $-b/a \in F$ となり，$E = F$ ととればよい．

$n \geq 2$ なら $p(X) \in F[X]$ なる既約多項式と多項式 $g(X) \in F[X]$ があって，$f(X) = p(X)g(X)$ となる．よって，すでに示したように，体の拡大 K/F があって K は $p(X) = 0$ の根を含む．$p(X) = 0$ の 1 根を ξ とすれば，$f(X) = (X - \xi)h(X)$, $\deg h(X) = n - 1$ となる．したがって，帰納法の仮定から，体の拡大 E/K があって $h(X)$ は $E[X]$ で $n - 1$ 個の 1 次式の積に分解する．この E が求める拡大体である． ∎

【例 1.3.2】　多項式 $X^2 + 1$ は $\mathbf{R}$ 上既約である．準同型写像

$$\begin{array}{rrcl} \varphi : & \mathbf{R}[X] & \longrightarrow & \mathbf{C} \\ & X & \mapsto & \sqrt{-1} \end{array}$$

を考えれば，準同型定理によって，

$$\mathbf{R}[X]/(X^2+1) \cong \mathbf{C}$$

を得る．自然に $\mathbf{R} \subset \mathbf{R}[X]/(X^2+1)$ であるから，拡大 $\mathbf{C}/\mathbf{R}$ を得，拡大体 $\mathbf{C}$ の中で X^2+1 は 1 次式の積に分解する．

定義 1.3.3 体 F 上の多項式 $f(X) \in F[X]$ に対し，$f(X)=0$ の根をすべて含むような拡大体 E のことを $f(X)$ の F 上の**分解体** (splitting field) という．$f(X)$ の F 上の分解体 E のうち最小のもの，すなわち

$$F \subset K \underset{\neq}{\subset} E$$

となる K は $f(X)$ の分解体になり得ないという性質を満たす分解体 E を $f(X)$ の F 上の**最小分解体** (minimal splitting field) という．

注意 1.3.4 $f(X) \in F[X]$ に対し，E を $f(X)$ の分解体とすれば，

$$f(X) = a_0(X-\alpha_1)\cdots(X-\alpha_n),\ a_0 \in F,\ \alpha_i \in E\ (i=1,\cdots,n)$$

と表示される．このとき，最小分解体の定義から，$F(\alpha_1,\cdots,\alpha_n)$ は $f(X)$ の F 上の最小分解体である．言い換えれば，$f(X)$ の最小分解体は，$f(X)=0$ のすべての根を F に添加して得られる体にほかならない．

【例 1.3.5】 $X^2+1=0$ の 2 根は $\pm\sqrt{-1}$ であるから，$X^2+1 \in \mathbf{Q}[X]$ の最小分解体は $\mathbf{Q}(\sqrt{-1},-\sqrt{-1}) = \mathbf{Q}(\sqrt{-1})$ である．ω を 1 の原始 3 乗根とすれば，$x^3-2=0$ の 3 根は $\sqrt[3]{2}, \sqrt[3]{2}\omega, \sqrt[3]{2}\omega^2$ であるから，$X^3-2 \in \mathbf{Q}[X]$ の最小分解体は

$$\mathbf{Q}(\sqrt[3]{2}, \sqrt[3]{2}\omega, \sqrt[3]{2}\omega^2) = \mathbf{Q}(\sqrt[3]{2},\omega)$$

である．

体の同型写像の延長の一般論を考えよう．$\sigma_0 : F \cong F'$ を体の同型写像とし，$f(X) = a_0 + a_1X + \cdots + a_nX^n \in F[X]$ に対し，$f^{\sigma_0}(X) =$

$a_0^{\sigma_0} + a_1^{\sigma_0} X + \cdots + a_n^{\sigma_0} X^n$ とおく．このとき，σ_0 は環の同型写像

$$\begin{array}{ccc} F[X] & \longrightarrow & F'[X] \\ f(X) & \mapsto & f^{\sigma_0}(X) \end{array}$$

を引き起こす．次の命題は体の自己同型写像の構成に本質的である．

命題 1.3.6 $\sigma_0 : F \to F'$ を体の同型写像とし，$p(X) \in F[X]$ の最小分解体を E，$p^{\sigma_0}(X) \in F'[X]$ の最小分解体を E' とし，$p(X) = 0$ の任意の 1 根を $\alpha \in E$，$p^{\sigma_0}(X) = 0$ の任意の 1 根を $\alpha' \in E'$ とする．$p(X)$ が F 上既約であれば，σ_0 の延長 $\sigma_F : F(\alpha) \to F'(\alpha')$ で，α を α' に移すものが存在する．

証明 $p(X) = 0$ の任意の 1 根 $\alpha \in E$，$p^{\sigma_0}(X) = 0$ の任意の 1 根 $\alpha' \in E'$ をとる．このとき，$p^{\sigma_0}(X)$ も既約となる．$p(X)$ は α の F 上の最小多項式であり，$p^{\sigma_0}(X)$ は α' の F' 上の最小多項式である．可換図式

$$\begin{array}{ccccc} F & \subset & F[X] & \ni & g(X) \quad p(X) \\ \downarrow \sigma_0 & & \downarrow \tilde{\sigma}_F & & \updownarrow \quad \updownarrow \\ F' & \subset & F'[X] & \ni & g^{\sigma_0}(X) \quad p^{\sigma_0}(X) \end{array}$$

を用いて

$$\begin{array}{ccccccc} F & \subset & F(\alpha) & = & F[\alpha] & \cong & F[X]/(p(X)) \\ & & & & \alpha & \leftrightarrow & X \\ \downarrow \sigma_0 & & & & \downarrow \sigma_F & & \downarrow \tilde{\sigma}_F \\ F' & \subset & F'(\alpha') & = & F'[\alpha'] & \cong & F'[X]/(p^{\sigma_0}(X)) \\ & & & & \alpha' & \leftrightarrow & X \end{array}$$

なる可換図式を得る．写像の構成から，σ_F は，α を α' に移す σ_0 の延長である． ■

定理 1.3.7 $\sigma_0 : F \to F'$ を体の同型写像とし，$f(X) \in F[X]$ の最小分解体を E，$f^{\sigma_0}(X) \in F'[X]$ の最小分解体を E' とする．このとき，σ_0 の延長 $\sigma : E \to E'$ が存在する．

証明 $\deg f(X) = n$ に関する帰納法で示す. $f(X) = 0$ の根を $\alpha_1, \cdots, \alpha_n \in E$, $f^{\sigma_0}(X) = 0$ の根を $\alpha'_1, \cdots, \alpha'_n \in E'$ とする.

$n = 1$ なら $E = F, E' = F', \sigma = \sigma_0$ ととればよい. $n \geq 2$ なら F 上の既約多項式 $p(X) \in F[X]$ で $p(X) | f(X)$ となるものが存在する. α_i の順序を並べ替えて, $p(\alpha_1) = 0$ としてよい. このとき, $p(X)$ は α_1 の最小多項式である. $p^{\sigma_0}(X)$ も F' 上の既約多項式である. $p^{\sigma_0}(X) = 0$ の任意の根を α' とする. 番号をつけかえて $\alpha' = \alpha'_1$ とする. $p^{\sigma_0}(X)$ は α'_1 の F' 上の最小多項式である. $F(\alpha_1)[X]$ において $f(X) = (X - \alpha_1)f_1(X)$ であり, E は $f_1(X)$ の $F(\alpha_1)$ 上の最小分解体となる. $p(X)$ は既約だから, 命題 1.3.6 より, σ_0 の延長 $\sigma_F : F(\alpha_1) \to F'(\alpha'_1)$ が存在する. また, $F'(\alpha'_1)[X]$ において $f^{\sigma_0}(X) = (X - \alpha'_1)f_1^{\sigma_F}(X)$ であり, E' は $f_1^{\sigma_F}(X)$ の $F'(\alpha'_1)$ 上の最小分解体である. $\deg f_1(X) = n - 1$ より帰納法の仮定から σ_F の延長 σ が存在する. このとき, σ は σ_0 の延長でもある. ∎

$$\begin{array}{ccc} E & \xrightarrow{\sigma} & E' \\ | & & | \\ F(\alpha_1) & \xrightarrow{\sigma_F} & F'(\alpha'_1) \\ | & & | \\ F & \xrightarrow{\sigma_0} & F' \end{array}$$

系 1.3.8 F を体とする. $f(X) \in F[X]$ の最小分解体はすべて同型である.

証明 $F = F', \sigma_0 = id$ として定理 1.3.7 を用いればよい. ∎

【例 1.3.9】 $\mathbf{Q}$ 上の多項式 $f(X) = X^3 - 2$ を考える. ω を 1 の原始 3 乗根とすれば, $f(X)$ の最小分解体は例 1.3.5 でみたように $E = \mathbf{Q}(\sqrt[3]{2}, \omega)$ である. σ を E の $\mathbf{Q}$ 上の自己同型写像とすれば, $f(\alpha) = 0$ ($\alpha \in E$) ならば $\sigma(f(\alpha)) = 0$ だから $f(\alpha^\sigma) = 0$ を得る. よって, σ は $f(X) = 0$ の根の置換を引き起こす. $f(X) = 0$ の 3 根は $\sqrt[3]{2}, \sqrt[3]{2}\omega, \sqrt[3]{2}\omega^2$ であり $f(X)$ は $\mathbf{Q}$ 上既約ゆえ, 命題 1.3.6 および定理 1.3.7 によって $\sqrt[3]{2}$ を $f(X) = 0$ の任意の根に移す自己同型写像 σ が存在する. 2.2 節 (4) において $\mathbf{Q}$ 上の自己同型群の構造を詳しく調べる.

1.4 代数的閉体

複素数体 $\mathbf{C}$ においては, 複素数を係数とする次数正の任意の多項式は $\mathbf{C}$

に必ず零点を持つ．この事実は 18 世紀にガウスによって証明され，その重要性から**代数学の基本定理**と呼ばれている．この節では，このような性質を持つ体の理論を解説する．

定義 1.4.1 Ω を体とする．任意の多項式 $\Omega[X] \ni f(X)$ $(\deg f(X) > 0)$ がつねに Ω の中に根を持つとき，Ω は**代数的に閉じている** (algebraically closed)，あるいは Ω は**代数的閉体** (algebraically closed field) であるという．

注意 1.4.2 次数に関する帰納法を用いれば，Ω が代数的閉体ならば，$f(X)$ は $\Omega[X]$ で 1 次式の積に分解することがわかる．したがって，代数的閉体 Ω の代数的拡大は Ω しか存在しない．

【例 1.4.3】 $\mathbf{C}$ は代数的閉体である．

定義 1.4.4 Ω/F を代数的拡大とする．Ω が代数的閉体であるとき，Ω を F の**代数的閉包** (algebraic closure) という．

体の拡大 $\widetilde{\Omega}/F$ において $\widetilde{\Omega}$ が代数的閉体であるとする．

$$\Omega = \{\alpha \in \widetilde{\Omega} \mid \alpha \text{ は } F \text{ 上代数的}\}$$

とおく．

命題 1.4.5 Ω は F の代数的閉包である．

証明 Ω/F が体の代数的拡大であることは系 1.2.5 においてすでに示した．任意の多項式 $f(X) \in \Omega[X] \subset \widetilde{\Omega}[X]$ をとれば，

$$f(X) = a_0(X - \alpha_1) \cdots (X - \alpha_n), \quad \alpha_i \in \widetilde{\Omega} \ (i = 1, \cdots, n)$$

と因数分解できる．$\alpha_1, \cdots, \alpha_n$ は Ω 上代数的だから F 上で考えても代数的である．ゆえに，Ω の定義から $\alpha_1, \cdots, \alpha_n \in \Omega$ となり，Ω は代数的閉体である． ∎

【例 1.4.6】 体の拡大 $\mathbf{C}/\mathbf{Q}$ において，

$$\bar{\mathbf{Q}} = \{\alpha \in \mathbf{C} \mid \alpha \text{ は } \mathbf{Q} \text{ 上代数的}\}$$

とおく．$\bar{\mathbf{Q}}$ は有理数体 $\mathbf{Q}$ の代数的閉包である．このとき

$$\mathbf{C} \underset{\neq}{\supset} \bar{\mathbf{Q}} \underset{\neq}{\supset} \mathbf{Q}$$

なる包含関係が成り立つ．$\bar{\mathbf{Q}}$ の元を**代数的数** (algebraic number)，$\mathbf{C} \setminus \bar{\mathbf{Q}}$ の元を**超越数** (transcendental number) という．円周率 π が超越数であることは 1882 年リンデマンによって，自然対数の底 e が超越数であることは 1873 年エルミートによって証明された．一般に，ある複素数が与えられたとき，その数が代数的数であるかどうかを判定することは難しい問題であり，1900 年の国際数学者会議において，ヒルベルトが挙げた 23 の問題のうちの第 7 問題となっている．その際例として挙げられた $2^{\sqrt{2}}$ が超越数であることは，ゲルフォンド（1934 年）およびシュナイダー（1935 年）によって証明された．また，$\bar{\mathbf{Q}} \ni \alpha \neq 0$ とすると e^α は超越数であることが証明されている．したがって，たとえば $e^{\sqrt{2}}$ は超越数である．

次の定理の存在は体の拡大の理論を理解する上で便利であるが，証明を読まなくても後の理解には影響ないであろう．

定理 1.4.7（シュタイニッツ）
 (1) 任意の体 K は代数的閉包を持つ．
 (2) Ω_i を $K_i (i=1,2)$ の代数的閉包とする．このとき，同型写像 $\kappa : K_1 \tilde{\to} K_2$ は同型写像 $\tilde{\kappa} : \Omega_1 \tilde{\to} \Omega_2$ に延長される．

証明 (1) $f_1, \cdots, f_r \in K[X]$ を有限個の既約多項式とするとき，分解体の存在定理（定理 1.3.1）より，体の拡大 L/K で $f_1, \cdots, f_r$ が $L[X]$ において 1 次式の積に分解するようなものが存在する．

代数的拡大 Ω/K で，任意の既約多項式 $f(X) \in K[X]$ に対し $\Omega[X]$ では $f(X)$ が 1 次式の積に分解するようなものが存在することを示そう．既約多項式としては最高次係数 1 のものを考えれば十分である．その全体を $\{f_\nu\}$ とし，$\deg f_\nu = n(\nu)$ とおく．各多項式 f_ν に対し変数 $X_1^{(\nu)}, \cdots, X_{n(\nu)}^{(\nu)}$ を導入し，

$$(*) \quad g_\nu = f_\nu - \prod_{i=1}^{n(\nu)} (X - X_i^{(\nu)})$$

とおく．g_ν における X^i の係数を $Y^{(\nu)}_{n(\nu)-i}$ とおけば

$$g_\nu = Y^{(\nu)}_1 X^{n(\nu)-1} + Y^{(\nu)}_2 X^{n(\nu)-2} + \cdots + Y^{(\nu)}_{n(\nu)}$$

であり，$Y^{(\nu)}_i \in K[X^{(\nu)}_1, \cdots, X^{(\nu)}_{n(\nu)}]$ となる．i, ν をすべて考え

$$R = K[\cdots, X^{(\nu)}_i, \cdots]$$

とおき，

$$\mathfrak{a} = \{Y^{(\nu)}_i \mid i, \nu は任意\} で生成される R のイデアル$$

とする．このとき，$\mathfrak{a} \neq R$ であることを示そう．

$\mathfrak{a} = R$ と仮定すれば $\mathfrak{a} \ni 1$ だから，$h_j \in R$ が存在して

$$(**) \quad 1 = h_1 Y^{(\nu_1)}_{i_1} + \cdots + h_k Y^{(\nu_k)}_{i_k}$$

となる．先に述べたように，代数的拡大 L/K で $f_{\nu_1}, \cdots, f_{\nu_k}$ が $L[X]$ で 1 次式の積に分解するようなものが存在する．すなわち，

$$f_{\nu_j} = (X - \theta^{(\nu_j)}_1) \cdots (X - \theta^{(\nu_j)}_{n(\nu_j)}) \quad (\theta^{(\nu_j)}_i \in L)$$

となる．そこで g_{ν_j} において $X^{(\nu_j)}_l = \theta^{(\nu_j)}_l$ とおけば，恒等的に $g_{\nu_j} \equiv 0$ となる．ゆえに，任意の ℓ に対し $Y^{(\nu)}_\ell = 0$ となる．このとき $(**)$ から $1 = 0$ となり矛盾である．したがって，$\mathfrak{a} \neq R$ となる．

以上から，$\mathfrak{a} \subset \mathfrak{m}$ となるような極大イデアル $\mathfrak{m}$ が存在し，$\Omega = R/\mathfrak{m}$ とおけば Ω は体である．自然な写像

$$\pi : R \longrightarrow R/\mathfrak{m} = \Omega$$

を考え，$\pi(X^{(\nu)}_i) = \alpha^{(\nu)}_i$ とおく．K と $\pi(K)$ を同一視して，体の拡大 Ω/K を得る．$Y^{(\nu)}_\ell \in \mathfrak{a} \subset \mathfrak{m}$ より係数を移して

$$0 = \pi(g_\nu) = f_\nu - \prod_{i=1}^{n(\nu)}(X - \alpha^{(\nu)}_i).$$

ゆえに Ω において

$$f_\nu = \prod_{i=1}^{n(\nu)}(X - \alpha^{(\nu)}_i)$$

と1次式の積に分解する．また，$\alpha_i^{(\nu)}$ は K 上代数的だから，

$$\begin{aligned}\Omega &= \pi(K[\cdots, X_i^{(\nu)}, \cdots]) \\ &= K[\cdots, \alpha_i^{(\nu)}, \cdots] \\ &= K(\cdots, \alpha_i^{(\nu)}, \cdots)\end{aligned}$$

となる．よって，Ω/K は代数的拡大である．

最後に，Ω が代数的閉体であることを示す．α を Ω 上代数的な元とする．Ω/K は代数的拡大だから α は K 上代数的である．$p(X)$ を α の K 上の最小多項式とすると，先の構成から Ω において

$$p(X) = (X - \alpha_1)\cdots(X - \alpha_n)$$

と分解する．ゆえに，α_i が存在して，$\alpha = \alpha_i \in \Omega$ となる．したがって，Ω は代数的閉体である．

(2) K_2 の代数的拡大はすべて Ω_2 に含まれるとしてよい．

$$S = \{(L, \sigma) \mid L \subset \Omega_1,\ \sigma : L \hookrightarrow \Omega_2\ \text{は中への同型で}\ \sigma|_{K_1} = \kappa\ \text{となる}\ \}$$

とおく．$\kappa : K_1 \tilde{\to} K_2$ は S に含まれるから，$S \neq \phi$ である．

S の順序関係を

$$(L_1, \sigma_1) \prec (L_2, \sigma_2) \Leftrightarrow L_1 \subset L_2\ \text{かつ}\ \sigma_2|_{L_1} = \sigma_1$$

と定義する．このとき，S が帰納的順序集合になることを示そう．

$\{(L_\lambda, \sigma_\lambda)\}$ を全順序部分集合とすれば，$L = \cup_\lambda L_\lambda$ は体になる．$L \ni a$ をとれば，λ があって $L_\lambda \ni a$ であるから，$\sigma : L \to \Omega_2$ を $a \mapsto \sigma_\lambda(a)$ によって定義する．定義から，(L, σ) は $\{(L_\lambda, \sigma_\lambda)\}$ の上界である．よって，ツォルンの補題によって，S には極大元 $(M, \tilde{\kappa})$ が存在する．もし $\Omega_1 \neq M$ ならば，$\alpha \in \Omega_1$ で，$\alpha \notin M$ となる元が存在する．α の M 上の最小多項式を $q(X)$ とする．$q(X)$ の最小分解体を E とすれば，先に示した延長定理（定理1.3.7）より $\tilde{\kappa}$ の延長

$$\sigma : E \hookrightarrow \Omega_2$$

$$\begin{array}{ccc} \Omega_1 \supset E & \stackrel{\sigma}{\hookrightarrow} & \Omega_2 \\ | & & | \\ M & \stackrel{\tilde{\kappa}}{\hookrightarrow} & \tau(M) \\ | & & | \\ K_1 & \stackrel{\kappa}{\tilde{\to}} & K_2 \end{array}$$

が存在するが，これは $(M, \tilde{\kappa})$ の極大性に反する．ゆえに $\Omega_1 = M$ である．

$\tilde{\kappa}(\Omega_1) \subset \Omega_2$ であるが，Ω_1 は K_1 の代数的閉包ゆえ，$\tilde{\kappa}(\Omega_1)$ は K_2 の代数的閉包となる．ゆえに，代数的閉包の一意性から $\tilde{\kappa}(\Omega_1) = \Omega_2$ となり，$\tilde{\kappa}$ は同型写像 $\Omega_1 \xrightarrow{\sim} \Omega_2$ を与える（注意 1.4.2 参照）．∎

この定理を考慮すれば，任意の体 K に対し K の代数的閉包 $\bar{K}$ が存在するから，K の代数的拡大の考察は $\bar{K}$ の中で行えばよい．

【例 1.4.8】 2 次拡大 $\mathbf{Q}(\sqrt{2})/\mathbf{Q}$ を考え，$\mathbf{Q}(\sqrt{2})$ から $\mathbf{C}$ の中への $\mathbf{Q}$ 上の同型写像 σ を考える．

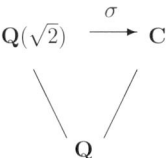

$2 = \sigma(2) = \sigma((\sqrt{2})^2) = \sigma(\sqrt{2})^2$ であるから，$\sigma(\sqrt{2}) = \pm\sqrt{2}$ となる．すなわち，このような写像は $\sigma : a + b\sqrt{2} \mapsto a - b\sqrt{2}$ と恒等写像 $id : a + b\sqrt{2} \mapsto a + b\sqrt{2}$ の 2 つだけである．

1.5 分離拡大体，非分離拡大体

F を体とし，e をその単位元とする．環の準同型写像

$$\varphi : \mathbf{Z} \longrightarrow F$$
$$1 \mapsto e$$

を考えれば，核 $\mathrm{Ker}\,\varphi \subset \mathbf{Z}$ は $\mathbf{Z}$ のイデアルであり単射準同型写像

$$\mathbf{Z}/\mathrm{Ker}\,\varphi \hookrightarrow F$$

を引き起こす．ゆえに $\mathbf{Z}/\mathrm{Ker}\,\varphi$ は整域となり，$\mathrm{Ker}\,\varphi$ は素イデアルである．よって，

$$\mathrm{Ker}\,\varphi = (0) \text{ または } (p)$$

となる．ここに，p は素数である．$\mathrm{Ker}\,\varphi = (0)$ のときは，e を何回たしても 0 にならない．したがって，F は $\mathbf{Z}$ を含むから，その商体 $\mathbf{Q}$ を部分体として含

む．この場合，体 F の**標数** (characteristic) は 0 であるという．$\operatorname{Ker}\varphi = (p)$ (p は素数) のときは，e を p 回たすと 0 になる．したがって，F は有限体 $\mathbf{F}_p = \mathbf{Z}/(p)$ を含む．この場合，体 F の標数は p である，または正標数であるという．

定義 1.5.1　自分自身以外に部分体を含まないような体を**素体** (prime field) という．

$\mathbf{Q}$ は標数 0 の素体，$\mathbf{F}_p$ は標数 p の素体である．以上の議論から，素体がこれら以外に存在しないことがわかる．

F を体とする．多項式 $f(X) = a_0 + a_1 X + \cdots + a_n X^n \in F[X]$ に対し，

$$f'(X) = a_1 + 2a_2 X + \cdots + n a_n X^{n-1}$$

とおき $f(X)$ の**導多項式** (derivative) という．$f'(X)$ を df/dX と書くこともある．次の補題は定義から明らかであろう．

補題 1.5.2
$$\begin{cases} (f+g)' = f' + g', \\ (fg)' = f'g + fg'. \end{cases}$$

注意 1.5.3　E/F を体の拡大とする．多項式 $f(X) \in F[X] \subset E[X]$ の導多項式は F 上考えても E 上考えても同じである．

補題 1.5.4　E/F を体の拡大，$f(X) \in F[X]$ とし，$\alpha \in E$ に対し $f(\alpha) = 0$ とする．このとき，α が $f(X) = 0$ の重根になるための必要十分条件は $f'(\alpha) = 0$ となることである．

証明　$f(X) = 0$ が重根を持つとすると，$g(X) \in E[X]$ が存在して $f(X) = (X - \alpha)^2 g(X)$ と書ける．補題 1.5.2 より $f'(X) = 2(X - \alpha)g(X) + (X - \alpha)^2 g'(X)$ だから $f'(\alpha) = 0$ を得る．逆を示すために，$f(X) = (X - \alpha)^2 g(X) + aX + b$ とおく．条件 $f(\alpha) = 0$ より $b = -a\alpha$ を得るから，$f(X) = (X - \alpha)^2 g(X)$

$+a(X-\alpha)$ の形になる．このとき $f'(X) = 2(X-\alpha)g(X) + (X-\alpha)^2 g'(X) + a$ だから $f'(\alpha) = 0$ より $a = 0$ を得る．よって $f(X) = 0$ は α を重根に持つ． ∎

$q(X) \in F[X]$ を $\deg q(X) = m$ なる既約多項式とし，$q(X) = 0$ が拡大 E/F で重根 α を持つとする．いま示した補題から $q(\alpha) = 0$ かつ $q'(\alpha) = 0$ だから，$q(X)$ が既約であることから $q(X)|q'(X)$ となる．ゆえに $\deg q(X) = m$ かつ $\deg q'(X) \le m-1$ を考えれば恒等的に $q'(X) \equiv 0$ とならざるを得ない．
$q(X) = c_0 + c_1 X + \cdots + c_m X^m$ としよう．

$$q'(X) = c_1 + \cdots + ic_i X^{i-1} + \cdots + mc_m X^{m-1} \equiv 0$$

だから，F の標数 $p = 0$ ならば $q(X) = c_0$ となり，$q(X)$ が既約多項式であることに反する．したがって，$p = 0$ ならば既約多項式が重根を持つことはあり得ない．$p \ne 0$ ならば c_{pi} ($i = 0, 1, \cdots$) 以外はすべて 0 となる．したがって，次の補題の必要性が示せた．

補題 1.5.5 F を標数 $p > 0$ の体とする．既約多項式 $q(X) \in F[X]$ が適当な拡大 E/F で重根を持つための必要十分条件は，多項式 $g(Y) \in F[Y]$ が存在して $q(X) = g(X^p)$ と書けることである．

証明 十分性を示そう．E を $q(X)$ の分解体とし，$q(\theta) = 0$ $(\theta \in E)$ とする．このとき $g(\theta^p) = 0$ だから，多項式 $h(Y) \in E[Y]$ が存在して $g(Y) = (Y - \theta^p)h(Y)$ と書ける．ゆえに，

$$q(X) = g(X^p) = (X^p - \theta^p)h(X^p) = (X - \theta)^p h(X^p)$$

となり，$q(X) = 0$ は重根 θ を持つ． ∎

定義 1.5.6 $F[X] \ni f(X)$ が

$$f(X) = \prod_{i=1}^{s} q_i(X)^{e_i} \quad (e_i > 0,\ q_i(X) \text{ は既約})$$

なる分解を持つとする．この分解において，$q_i(X)$ がいずれも重根を持たないとき $f(X)$ を **分離多項式** (separable polynomial)，$q_i(X)$ のいずれかが重根を持つとき $f(X)$ を **非分離多項式** (inseparable polynomial) という．

定義 1.5.7 拡大 E/F において，$\alpha \in E$ を F 上代数的な元とする．α の F 上の最小多項式が分離的であるとき，α は F 上**分離的** (separable) であるという．α の F 上の最小多項式が非分離的であるとき，α は F 上**非分離的** (inseparable) であるという．

定義 1.5.8 代数的拡大 E/F において，E の元がすべて F 上分離的であるとき E は F の**分離拡大** (separable extension)，E の元の少なくとも 1 つが非分離的であるとき E は F の**非分離拡大** (inseparable extension) であるという．また，$E \setminus F$ の任意の元が F 上非分離的であるとき E は F の**純非分離拡大** (purely inseparable extension) であるという．

注意 1.5.9 標数 0 ならば任意の代数的拡大は分離的である．

定義 1.5.10 F の任意の代数的拡大が分離的であるとき，F は**完全体** (perfect field) であるという．

注意 1.5.11 標数 0 の体 F は完全体である．

命題 1.5.12 F を標数 $p > 0$ の体とする．F が完全体であるための必要十分条件は，任意の $a \in F$ に対し $a = b^p$ となる $b \in F$ が存在することである．

証明 まず十分性を示すため，F が完全体でないとすれば，既約多項式 $q(X) \in F[X]$ で $q(X) = h(X^p)$ $(h(X) \in F[X])$ となるものが存在する．このとき，$q(X) = c_0 + c_1 X^p + c_2 X^{2p} + \cdots + c_k X^{kp}$ の形となる．仮定より $b_i \in F$ $(i = 0, 1, \cdots, k)$ が存在して $c_i = b_i^p$ となるから，$q(X) = (b_0 + b_1 X + \cdots + b_k X^k)^p$ となり $q(X)$ の既約性に反する．

必要性を示すために，任意の $a \in F$ をとり，$X^p - a$ の F 上の分解体を E とする．このとき $\theta \in E$ で $\theta^p - a = 0$ となるものが存在する．ゆえに，$X^p - a = (X - \theta)^p$ となる．F は完全体だから θ は F 上分離的である．よって，θ の最小多項式 $q(X)$ は重根を持たず，かつ $X^p - a$ を割り切る．ゆえに，

$q(X) = X - \theta \in F[X]$ とならざるを得ない．ゆえに，$\theta \in F$ で $a = \theta^p$ と書ける． ∎

系 1.5.13　$\mathbf{F}_p = \mathbf{Z}/p\mathbf{Z}$ は完全体である．

証明　$a \in \mathbf{Z}$ に対し $a^p \equiv a \pmod{p}$ であるから，$\mathbf{F}_p$ においては任意の $x \in \mathbf{F}_p$ に対し $x^p = x$ を得る． ∎

系 1.5.14　F を完全体とする．E/F を代数的拡大とすれば E も完全体である．とくに，任意の有限体は完全体である．

証明　E 上代数的な任意の元 α をとる．E/F は代数的拡大であるから α は F 上代数的である．α の F 上の最小多項式を $q(X)$ とすれば，F は完全体だから $q(X) = 0$ は重根を持たない．α の E 上の最小多項式を $h(X)$ とする．$q(\alpha) = 0$ ゆえ $h(X) | q(X)$ となる．よって $h(X) = 0$ も重根を持たない．したがって，E も完全体である．E が有限体なら標数は正だから，その標数を p とする．このとき，$E \supset \mathbf{F}_p$ かつ $E/\mathbf{F}_p$ は有限次拡大である．ゆえに $E/\mathbf{F}_p$ は代数的拡大である．したがって，系 1.5.13 と前半から結果はしたがう． ∎

【例 1.5.15】　F を標数 $p > 0$ の体とする．1 変数有理関数体 $F(X)$ は完全体ではない．なぜならば，$X = \theta^p$ となる $\theta \in F(X)$ は存在しないからである．

定理 1.5.16　E/F を有限次分離拡大とするならば，E は F の単純拡大である．すなわち，E の元 θ が存在して $E = F(\theta)$ となる．

証明　$|F| < \infty$ の場合をまず考える．$[E:F] < \infty$ より，E は F 上有限次元ベクトル空間になる．よって，E は有限個の元からなる．$E^* = E \setminus \{0\}$ は積に関し有限アーベル群になる．また，E は体ゆえ任意の自然数 n に対し方程式 $X^n = 1$ の根は n 個以下である．すなわち，E^* の元であって位数が n の約数となるものは n 個以下となる．よって，E^* は巡回群である．その生成元を θ とすれば，乗法群として $E^* = \langle \theta \rangle$ となる．ゆえに $E = F(\theta)$ を得る．

次に $|F| = \infty$ の場合を考える．このとき，E の元 θ_i $(i = 1, 2, \cdots, s)$ が存在して $E = F(\theta_1, \cdots, \theta_s)$ と書ける．帰納法によって $s = 2$ のときに示せば

十分である．$E = F(\alpha,\beta)/F$ を分離拡大とし，α の F 上の最小多項式を $f(X)$，その次数を $\deg f(X) = m$，β の F 上の最小多項式を $g(X)$，その次数を $\deg g(X) = n$ とする．L を $f(X), g(X)$ の E 上の分解体とする．$L[X]$ で

$$f(X) = a\prod_{i=1}^{m}(X - \alpha_i), \quad \alpha_1 = \alpha,$$

$$g(X) = b\prod_{j=1}^{n}(X - \beta_j), \quad \beta_1 = \beta,$$

とする．$g(X)$ は重根を持たないから

$$\beta_k - \beta_l \quad (1 \leq k, l \leq n, k \neq l)$$

は 0 にならない．L の元

$$\frac{\alpha_i - \alpha_j}{\beta_k - \beta_l} \quad (1 \leq i, j \leq m; 1 \leq k, l \leq n, k \neq l)$$

を考える．F が無限個の元を含むことから，これらすべてと異なる元 $c \in F$ ($c \neq 0$) がとれる．

$$\theta = \alpha + c\beta$$

とおく．このとき，$F(\theta) = E$ となることを示せば証明は終わる．$F(\theta) \subset E$ は明らかであるから，$F(\theta) \supset E$ を示そう．そのために，$g(X) = 0$ と $f(\theta - cX) = 0$ は 1 根のみを共有することをまず示す．

$F(\theta)[X] \ni f(\theta - cX)$ は

$$f(\theta - cX) = a\prod_{i=1}^{m}(\theta - cX - \alpha_i), \quad \alpha_1 = \alpha$$

なる分解を持つ．$X = \beta$ のとき

$$\theta - c\beta - \alpha_1 = (\alpha + c\beta) - (c\beta + \alpha) = 0,$$

$k \geq 2, X = \beta_k$ のとき

$$\theta - c\beta_k - \alpha_i = c(\beta - \beta_k) - (\alpha_i - \alpha) \neq 0$$

となる．よって，β は $f(\theta - cX) = 0$ の根であり，β_k ($k \geq 2$) は $f(\theta - cX) = 0$ の根ではない．すなわち，$g(X) = 0$ と $f(\theta - cX) = 0$ は 1 根のみを共有する．

β の $F(\theta)$ 上の最小多項式を $q(X)$ とする．このとき，$q(X)|g(X)$ かつ $q(X)|f(\theta-cX)$ より $\deg q(X) = 1$ を得る．すなわち，$\gamma \in F(\theta)$ が存在して $q(X) = X+\gamma$ となる．ゆえに $\beta = -\gamma \in F(\theta)$ となる．したがって，$\alpha = \theta - c\beta \in F(\theta)$ となり，$F(\alpha,\beta) \subset F(\theta)$ を得る． ∎

【例 1.5.17】 $E = \mathbf{Q}(\sqrt{2},\sqrt{-1})$ とする．$\sqrt{2}$ の $\mathbf{Q}$ 上の最小多項式は X^2-2 で，$X^2-2=0$ の根は $\pm\sqrt{2}$ である．$\sqrt{-1}$ の $\mathbf{Q}$ 上の最小多項式は X^2+1 で，$X^2+1=0$ の根は $\pm\sqrt{-1}$ である．定理の証明において，この場合には $c=1$ にとれるから，$\mathbf{Q}(\sqrt{2},\sqrt{-1}) = \mathbf{Q}(\sqrt{2}+\sqrt{-1})$ を得る．

【例 1.5.18】 F を標数 $p>0$ の体，X,Y を変数として，体の拡大

$$F(\sqrt[p]{X},\sqrt[p]{Y})/F(X,Y)$$

を考えれば，これは単純拡大ではない．なぜならば，この拡大の拡大次数は p^2 であるが，$F(\sqrt[p]{X},\sqrt[p]{Y})$ の任意の元 $\theta = f(\sqrt[p]{X},\sqrt[p]{Y})$ は $\theta^p \in F(X,Y)$ を満たす．したがって，θ は $F(X,Y)$ 上 p 次方程式の根になり，$F(X,Y)(\theta) \neq F(\sqrt[p]{X},\sqrt[p]{Y})$ となるからである．

1.6 体の同型写像

本節では体の自己同型写像に関する基本的な事項を整理する．

補題 1.6.1 E/F を代数的拡大とする．$\sigma: E \to E$ を F 上の自己準同型写像とすれば，σ は同型写像である．

証明 σ は F 上の準同型写像であるから零写像ではない．単射であることは E が体であることから明らかである．

全射であることを示そう．任意の元 $\alpha \in E$ の F 上の最小多項式を $q(X)$ とする．$q(X) = 0$ の E にはいる相異なる根全体を $\alpha_1 = \alpha, \alpha_2, \cdots, \alpha_r$ とすれば，ある多項式 $h(X) \in E[X]$ が存在して $h(X) = 0$ が E に根を持たず，$q(X)$ は

$$q(X) = (X-\alpha_1)^{e_1} \cdots (X-\alpha_r)^{e_r} h(X) \quad (e_1,\cdots,e_r は自然数)$$

と分解する．このとき，σ で移して

$$q(X) = q^\sigma(X) = (X - \alpha_1^\sigma)^{e_1} \cdots (X - \alpha_r^\sigma)^{e_r} h^\sigma(X)$$

となる．$\alpha_1^\sigma, \cdots, \alpha_r^\sigma$ は $q(X) = q^\sigma(X) = 0$ の E にはいる相異なる根全体である．ゆえに，集合として

$$\{\alpha_1, \cdots, \alpha_r\} = \{\alpha_1^\sigma, \cdots, \alpha_r^\sigma\}$$

となり，ある i があって $\alpha = \alpha_i^\sigma \in \sigma(E)$ となる．したがって σ は全射である． ∎

注意 1.6.2 E/F を体の拡大，$\bar{E}$ を E の代数的閉包とする．このとき，E から $\bar{E}$ への F 上の準同型写像は，E から $\bar{E}$ の中への同型写像，すなわち，E は $\bar{E}$ のある部分体と F 上同型となる．

【例 1.6.3】 補題 1.6.1 において，E/F が有限次代数的拡大ならば，E の F 上の次元を考えれば，σ の単射性から σ の全射性は自明的に得られる（章末問題 (35) 参照）．また，代数的拡大でなければ，この補題は成り立たない．たとえば，X を変数とし，**フロベニウス写像** (Frobenius map)

$$\mathbf{F}: \quad \mathbf{F}_p(X) \longrightarrow \mathbf{F}_p(X)$$
$$f \mapsto f^p$$

を考えれば，これは有限体 $\mathbf{F}_p$ 上の自己準同型写像であるが，全射にならないから同型写像ではない．

補題 1.6.4 E/F を有限次拡大，Ω/F' を体の拡大，$\rho: F \xrightarrow{\sim} F'$ を同型写像とする．このとき，E から Ω の部分体への ρ を延長する同型写像の個数は $[E:F]$ 個以下である．

証明 拡大の次数に関する帰納法で示す．$[E:F] = 1$ のとき延長は ρ だけであるから補題は成立する．$[E:F]$ 未満の拡大に対しては補題が成立するとする．E から Ω の部分体への ρ を延長する同型写像全体を $\{\sigma_1, \cdots, \sigma_m\}$ とする．E の元 θ_i $(i = 1, 2, \cdots, s)$ が存在して，E は $E = F(\theta_1, \cdots, \theta_s)$ と書ける．$K = F(\theta_1, \cdots, \theta_{s-1})$ とおき，$[K:F] < [E:F]$ としてよい．K から Ω の部分体への ρ を延長する同型写像全体を

$$\{\tau_1, \cdots, \tau_k\}$$

とすれば，帰納法の仮定から $k \leq [K : F]$ となる．

σ_i を K に制限したものは，ある τ_j になる．K に制限したとき τ_j になるような σ_i の全体を

$$\sigma_{j1}, \cdots, \sigma_{jl}$$

$$\begin{array}{ccc} K(\theta_s) = E & \xrightarrow{\sigma_i} & \Omega \\ | & & \| \\ K & \xrightarrow{\tau_j} & \Omega \\ | & & | \\ F & \xrightarrow{\rho} & F' \end{array}$$

とする．$f(X)$ を θ_s の K 上の最小多項式とする．$f(\theta_s) = 0$ より $\theta_s^{\sigma_{j1}}, \cdots, \theta_s^{\sigma_{jl}} \in \Omega$ はすべて $f^{\tau_j}(X)$ の根であり，σ_{ju}, σ_{jv} は K 上で等しく E 上で相異なるから $\theta_s^{\sigma_{ju}} \neq \theta_s^{\sigma_{jv}}$ である．よって，$l \leq \deg f^{\tau_j}(X) = \deg f(X)$ となる．以上から

$$m \leq \sum_{j=1}^{k} \deg f^{\tau_j}(X) = k \deg f(X) \leq [K : F][E : K]$$
$$= [E : F]$$

となって結果を得る． ∎

補題 1.6.5 $E = F(\theta)$ とし，θ は F 上分離的な代数的元であるとする．$\bar{F}$ を F の代数的閉包とすれば，$F(\theta) \to \bar{F}$ なる中への F 上の同型写像の数は $[F(\theta) : F]$ 個である．

証明 準同型写像は θ の行く先が定まれば決まる．よって，この補題は命題 1.3.6 からしたがう． ∎

補題 1.6.6 E/F を有限次拡大，$\bar{F}$ を F の代数的閉包とする．拡大 E/F が分離的であるための必要十分条件は，E から $\bar{F}$ の部分体への F 上の同型写像の個数が $[E : F]$ に等しくなることである．

証明 必要性を示す．E は F の単純拡大体になるから，$\theta \in E$ が存在して $E = F(\theta)$ と書ける．θ の F 上の最小多項式は

$$q(X) = (X - \alpha_1) \cdots (X - \alpha_n), \quad \alpha_1 = \theta, \ \alpha_i \in \bar{F} \ (i = 2, \cdots, n)$$

であり $[E:F] = \deg q = n$ となる．$q(X)$ の最小分解体を L とする．同型写像の延長定理（定理 1.3.7）より F の恒等写像 id_F の延長 σ_i で $\alpha_1 = \theta \mapsto \alpha_i$ となるものが存在する．

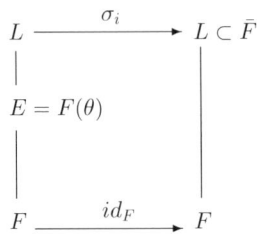

逆に，L から $\bar{F}$ の中への F 上の同型写像は $\{\alpha_1, \cdots, \alpha_n\}$ の置換を引き起こし，また $E \to \bar{F}$ なる準同型写像は θ の行き先が定まれば決まる．よって $\{\sigma_1, \cdots, \sigma_n\}$ が求める同型写像全体であり，$[E:F]$ 個存在する．

次に十分性を示す．$E \ni \alpha$ を任意の元とする．$F(\alpha) \to \bar{F}$ なる中への F 上の同型写像の個数を r とする．この r を 2 通りの方法で計算する．まず補題 1.6.4 より $r \leq [F(\alpha):F]$ である．そこで，$r < [F(\alpha):F]$ と仮定しよう．各々の中への同型写像 $F(\alpha) \to \bar{F}$ を E まで延長する仕方は補題 1.6.4 より $[E:F(\alpha)]$ 個以下である．ゆえに $E \to \bar{F}$ なる中への F 上の同型の個数は $r[E:F(\alpha)]$ 個以下で，したがって $[F(\alpha):F][E:F(\alpha)] = [E:F]$ 個未満となり条件に反する．よって $r = [F(\alpha):F]$ を得る．他方，α の F 上の最小多項式を $q(X)$ とすれば，その次数は $\deg q(X) = [F(\alpha):F]$ である．$q(X) = 0$ の相異なる根を $\alpha_1 = \alpha, \alpha_2, \cdots, \alpha_s$ とすれば，F 上の準同型写像 $F(\alpha) \to \bar{F}$ は α の行き先で決まり，行き先は $\alpha_1, \cdots, \alpha_s$ のいずれかである．ゆえに，F 上の中への同型写像 $F(\alpha) \to \bar{F}$ の数 $r = s$ である．以上 2 通りの計算を合わせると $s = r = [F(\alpha):F] = \deg q(X)$ となり，$q(X) = 0$ は重根を持たない．すなわち α は F 上分離的である． ∎

命題 1.6.7 $E \supset K \supset F$ を代数的拡大の列とする．E/F が分離的であるための必要十分条件は，E/K および K/F が分離的であることである．

証明 まず必要性を示す．K/F が分離的になることは明らか．任意の元 $\alpha \in E$ の K 上の最小多項式を $q(X)$ とする．α の F 上の最小多項式を $p(X)$ とす

れば,拡大 E/F は分離的だから $p(X) = 0$ は重根を持たず,かつ $q(X)|p(X)$ となる.よって $q(X) = 0$ も重根を持たない.よって,E/K も分離的である.

次に十分性を示す.任意の元 $\alpha \in E$ をとる.α は K 上分離的である.α の K 上の最小多項式を $q(X) = c_0 + c_1 X + \cdots + X^n$ とし,$L = F(c_0, c_1, \cdots, c_{n-1})$ とおく.$q(X) = 0$ は重根を持たないから,α は L 上分離的であり,$L \to \bar{F}$ なる中への同型写像の $L(\alpha) \to \bar{F}$ なる延長の数は(L の像と L を同一視して,L 上の同型写像とみて)$[L(\alpha) : L]$ 個である.$K \supset L \supset F$ であるが,K/F は分離的だから L/F も前半から分離的になる.よって,$L \to \bar{F}$ なる中への F 上の同型写像は $[L : F]$ 個となる.よって,$L(\alpha) \to \bar{F}$ なる中への F 上の同型写像の数は $[L : F][L(\alpha) : L] = [L(\alpha) : F]$ 個となる.したがって,補題 1.6.6 より $L(\alpha)/F$ は分離的であり,α は F 上分離的となる. ∎

命題 1.6.8 E/F を代数的拡大とする.$E \supset S$ を部分集合とし,S の元は F 上分離的であるとする.このとき,拡大 $F(S)/F$ は分離拡大である.

証明 実行する代数的演算は有限回だから,$S = \{\alpha_1, \cdots, \alpha_s\}$(有限個)のときに示せばよい.$\alpha_1$ は F 上分離的だから,補題 1.6.5 より $F(\alpha_1) \to \bar{F}$ なる中への F 上の同型写像は $[F(\alpha_1) : F]$ 個である.よって,補題 1.6.6 より $F(\alpha_1)/F$ は分離拡大である.α_2 は F 上分離的だから $F(\alpha_1)$ 上も分離的である.よって同様に $F(\alpha_1, \alpha_2)/F(\alpha_1)$ は分離的である.これを繰り返して命題 1.6.7 を用いれば $F(\alpha_1, \cdots, \alpha_s)/F$ は分離的になる. ∎

代数的拡大 E/F に対して

$$E_s = \{\alpha \in E \mid \alpha \text{ は } F \text{ 上分離的}\}$$

とおく.

命題 1.6.9 E_s は体である.さらに,E_s/F は分離拡大である.また,$E_s \neq E$ なら E/E_s は純非分離拡大である.

証明 任意の元 $\alpha, \beta \in E_s$ に対し,$F(\alpha, \beta)/F$ は命題 1.6.8 より,分離拡大である.ゆえに $F(\alpha, \beta) \subset E_s$ となる.したがって,

$$\alpha \pm \beta, \quad \alpha\beta, \quad \alpha/\beta \ (\beta \neq 0) \quad \in E_s$$

となるから，E_s は体になる．E_s/F が分離拡大であることは，定義の仕方から明らかである．任意の元 $\alpha \in E \setminus E_s$ をとる．もし，α が E_s 上分離的ならば，命題 1.6.7 より α は F 上分離的である．ゆえに，$\alpha \in E_s$ となりとり方に反する．よって，α は E_s 上非分離的である．したがって，E/E_s は純非分離拡大である． ∎

定義 1.6.10 代数的拡大 E/F に対して，$[E:F]_s = [E_s:F]$ とおき**分離次数** (separable degree)，$[E:F]_i = [E:E_s]$ とおき**非分離次数** (inseparable degree) という．また，体 F の代数的閉包を $\bar{F}$ とするとき，$\bar{F}/F$ における $\bar{F}_s$ を F の**分離閉包** (separable closure) という．

補題 1.6.11 F を標数 $p > 0$ の体とする．$q(X) \in F[X]$ が既約ならば，整数 $e \ (e \geq 0)$ と分離多項式 $f(X) \in F[X]$ が存在して $q(X) = f(X^{p^e})$ と書ける．

証明 $q(X)$ の次数に関する帰納法で示す．$q(X)$ が分離多項式ならば $f(X) = q(X)$ ととればよい．分離的でないなら，多項式 $h(X) \in F[X]$ が存在して $q(X) = h(X^p)$ と書ける．$q(X)$ は既約だから $h(X)$ も既約であり $\deg q(X) > \deg h(X)$ となる．よって帰納法の仮定から既約な分離多項式 $f(X) \in F[X]$ が存在して $h(X) = f(X^{p^{e-1}})$ と書ける．ゆえに $q(X) = f(X^{p^e})$ となる． ∎

命題 1.6.12 F を標数 $p > 0$ の体とし，E/F を有限次純非分離拡大とする．このとき，任意の元 $\alpha \in E$ の F 上の最小多項式は適当な $a \in F$ が存在して $X^{p^e} - a$ の形に書ける．ここに，e は 0 以上の整数である．したがって，拡大次数 $[E:F]$ は p べきである．

証明 $E \setminus F \ni \alpha$ の最小多項式を $q(X)$ とする．補題 1.6.11 より既約な分離多項式 $f(X) \in F[X]$ があって $q(X) = f(X^{p^e})$ と書ける．もし $\deg f(X) > 1$ なら $f(X) = 0$ の根 α^{p^e} は E に含まれかつ F 上分離的となるから仮定に反する．よって $\deg f(X) = 1$ となり，$q(X)$ は $X^{p^e} - a$ の形となる．このとき $[F(\alpha):F] = p^e$ であり $E \supset F(\alpha) \supset F$ となるから，順次このような拡大をつくれば $[E:F]$ は p べきとなることがわかる． ∎

命題 1.6.13 F を標数 $p>0$ の体,E/F を有限次拡大とする.$E \to \bar{F}$ なる中への F 上の同型写像の数は $[E:F]_s$ に等しい.

証明 E/F は有限次拡大だから代数的拡大である.$E_s \to \bar{F}$ なる中への F 上の同型写像の数は,E_s/F が分離拡大であることから $[E_s:F]$ に等しい.E/E_s は純非分離拡大だから,それは $X^{p^r} - a = 0$ の形の既約多項式の分解体の積み重ねである.この方程式の根は 1 つしかないから,それを α とする.このとき $E_s(\alpha) \to \bar{F}$ なる同型写像の延長は $\alpha \mapsto \alpha$ となるものしか存在しないから一意的となる.よって $E \to \bar{F}$ なる中への F 上の同型写像の数は $[E_s:F] = [E:F]_s$ となる. ∎

1.7 ガロア拡大

定義 1.7.1 E/F を代数的拡大とする.$F[X]$ の既約多項式が E の中に 1 根でも持てば $E[X]$ で 1 次式の積に分解するとき,E/F を**正規拡大** (normal extension) という.

定理 1.7.2 E/F を有限次拡大とするとき,次の 2 つの条件は同値である.
 (i) E/F は正規拡大である.
 (ii) E は F 上のある多項式の最小分解体である.

証明 (i) ⇒ (ii):E/F は有限次拡大だから,$E = F(\theta_1, \cdots, \theta_s)$ ($\theta_i \in E$,$i = 1, \cdots, s$) と書ける.θ_i の F 上の最小多項式を $q_i(X)$ とし,$f(X) = q_1(X) \cdots q_s(X)$ とおく.E/F は正規拡大で θ_i は $q_i(X) = 0$ の根だから,E は $f(X) = 0$ の最小分解体である.

(ii) ⇒ (i):E を $f(X) \in F[X]$ の最小分解体とする.$f(X) = 0$ の根を $\alpha_1, \alpha_2, \cdots, \alpha_n$ とすれば $E = F(\alpha_1, \alpha_2, \cdots, \alpha_n)$ である.$q(X) \in F[X]$ を既約多項式とし,$q(X) = 0$ が E の中に 1 根 β_1 を持つとする.L を $q(X)$ の E 上の最小分解体,$q(X) = 0$ の根を重複を数えて $\beta_1, \cdots, \beta_m$ ($\beta_j \in L$) とする.このとき,$L = E(\beta_1, \cdots, \beta_m) = F(\alpha_1, \cdots, \alpha_n, \beta_1, \cdots, \beta_m)$ であり,$K = F(\beta_1, \cdots, \beta_m)$ は $q(X)$ の F 上の最小分解体である.$q(X)$ は F 上既約だから命題 1.3.6 より
$$\tau_j : K \xrightarrow{\sim} K$$

なる F 上の同型写像で $\tau_j(\beta_1) = \beta_j$ となるものが存在する．ところで L は $f(X) = f^{\tau_j}(X)$ の K 上の最小分解体であるから，定理 1.3.7 より τ_j の延長 $\sigma_j : L \to L$ が存在する．σ_j は $f(X) = 0$ の根を $f(X) = 0$ の根に移すから，集合として
$$\{\alpha_1^{\sigma_j}, \cdots, \alpha_n^{\sigma_j}\} = \{\alpha_1, \cdots, \alpha_n\}$$
となる．したがって，同型写像 $\sigma_j : E \to E$ を引き起こす．ゆえに，$\beta_j = \sigma_j(\beta_1) \in E$ となるから $q(X) = 0$ の根はすべて E に含まれる． ∎

【例 1.7.3】 $\mathbf{Q}(\sqrt{2})$ は $X^2 - 2$ の $\mathbf{Q}$ 上の最小分解体であるから $\mathbf{Q}(\sqrt{2})/\mathbf{Q}$ は正規拡大である．$\mathbf{Q}(\sqrt[3]{2})/\mathbf{Q}$ は正規拡大ではない．

E を体とすれば，E の自己同型写像の全体 $\mathrm{Aut}(E)$ は群をなす．$\alpha \in E$ に対し
$$(\alpha^\sigma)^\tau = \alpha^{\tau\sigma}, \quad \sigma, \tau \in \mathrm{Aut}(E)$$
である．部分群 $G \subset \mathrm{Aut}(E)$ に対し，
$$E^G = \{\alpha \in E \mid \alpha^\sigma = \alpha, \forall \sigma \in G\} \subset E$$
とおく．E^G は E の部分体である．E^G を G の**固定体** (fixed field)，または**不変体** (invariant field) という．次の補題は定義から明らかである．

補題 1.7.4 G, H を $\mathrm{Aut}(E)$ の部分群とする．このとき，
$$G \supset H \quad \Rightarrow \quad E^G \subset E^H.$$

【例 1.7.5】 複素数体 $\mathbf{C}$ の複素共役 $\rho : \alpha \mapsto \bar{\alpha}$ を考え，$G = \langle \rho \rangle$ とおく．このとき，$\mathbf{C}^G = \mathbf{R}$ が成立する．

E/F を体の拡大とし，E の F 上の自己同型写像全体を G とすれば，G は群になる．このとき，定義から $E^G \supset F$ である．

定義 1.7.6 E/F を有限次拡大とする．E/F が分離的かつ正規であるとき E は F の**ガロア拡大** (Galois extension) であるという．

定義 1.7.7 E/F をガロア拡大とする．E の F 上の自己同型写像全体のなす群を $Gal(E/F)$ と書き，E の F 上の**ガロア群** (Galois group) という．$Gal(E/F)$ がアーベル群のとき E/F を**アーベル拡大** (abelian extension) といい，$Gal(E/F)$ が巡回群のとき E/F を**巡回拡大** (cyclic extension) という．

【例 1.7.8】 $\mathbf{Q}(\sqrt{2})/\mathbf{Q}$ はガロア拡大である．$\mathbf{Q}$ 上の自己同型写像 $\iota : a + b\sqrt{2} \mapsto a - b\sqrt{2}$ を考えれば，$Gal(\mathbf{Q}(\sqrt{2})/\mathbf{Q}) = \langle \iota \rangle \cong \mathbf{Z}/2\mathbf{Z}$ となる．

次の定理はガロア拡大の特徴付けを与えている．

定理 1.7.9 E/F を有限次拡大とするとき，次の 3 条件は同値である．
 (i) E/F はガロア拡大である．
 (ii) E は，$F[X]$ のある分離多項式 $f(X)$ の最小分解体である．
 (iii) G を E の F 上の自己同型写像全体のなす群とすれば $E^G = F$ である．

証明 (i) $\Rightarrow$ (ii)：定理 1.7.2 より，E はある多項式 $f(X) \in F[X]$ の最小分解体である．すなわち，
$$f(X) = \prod_{i=1}^{m} q_i(X)^{e_i} \quad (q_i(X) \in F[X] \text{ は相異なる既約多項式}, e_i \text{ は自然数})$$
と書けるが，E/F は分離拡大だから $q_i(X) = 0$ は重根を持たない．よって $f(X)$ は分離的である．

(ii) $\Rightarrow$ (iii)：これは，補題 1.6.4 および 1.6.6 から導けるが，ここでは直接証明を与える．$E^G \supset F$ は定義から明らか．拡大次数 $[E:F]$ についての帰納法で示す．$[E:F] = 1$ のときは，$E = F$ だから $G = \{e\}$，すなわち単位元のみとなる．ゆえに $E^G = F$ を得る．次に $[E:F] = n > 1$ とし，n 未満の拡大次数のものに対して (ii) $\Rightarrow$ (iii) が成り立つとする．$f(X) = 0$ の根 $\alpha \in E$ が $\alpha \notin F$ であるとする．α の F 上の最小多項式を $q(X)$ とすれば $q(X) \mid f(X)$ となり，$q(X) = 0$ は重根を持たない．$F_1 = F(\alpha) = F[\alpha]$ とおく．このとき，$[E:F_1] < [E:F]$ である．また E は $f(X)$

$$
\begin{array}{ccc}
E & \ni & \alpha \\
| & & \\
F_1 & = & E^{G_1} \\
| & & | \\
F & \subset & E^G
\end{array}
$$

の F_1 上の最小分解体となる.

G_1 を E の F_1 上の自己同型写像全体のなす群とすれば帰納法の仮定より $F_1 = E^{G_1}$ となる.また,$G_1 \subset G$,$E^G \supset F$ が成立する.E^G の任意の元 θ をとる.この元が F にはいることを示す.

$\theta \in E^{G_1} = F_1$ ゆえ,

$$(*) \qquad \theta = \sum_{i=0}^{m-1} c_i \alpha^i \quad (c_i \in F,\ m = \deg q(X))$$

と書ける.$q(X) = 0$ の根を $\alpha_1 = \alpha, \alpha_2, \cdots, \alpha_m \in E$ とすると $q(X)$ は分離的だから互いに相異なる.定理 1.3.7 より,$\alpha^{\sigma_j} = \alpha_j$ となるような E の F 上の自己同型写像 $\sigma_j \in G$ $(j = 1, \cdots, m)$ が存在する.$(*)$ を σ_j で動かして

$$(**) \qquad \theta = \theta^{\sigma_j} = \sum_{i=0}^{m-1} c_i \alpha_j^i$$

を得る.そこで $E[X]$ の元

$$g(X) = c_{m-1} X^{m-1} + \cdots + c_1 X + (c_0 - \theta)$$

を考える.これは,$m-1$ 次式であるが,$(**)$ より相異なる元 $\alpha_1, \cdots, \alpha_m$ は $g(X) = 0$ の根である.方程式の次数のほうが根の数より小さいから,恒等的に $g(X) \equiv 0$ となる.ゆえに,$\theta - c_0 = 0$ となり $\theta = c_0 \in F$ を得る.したがって,$E^G = F$ となる.

(iii) $\Rightarrow$ (i):補題 1.6.4 より G は有限群である.E/F が分離的かつ正規拡大であることを示す.そのためには,任意の元 $\alpha \in E$ の最小多項式を $p(X)$ とするとき,$p(X) = 0$ が重根を持たず,$p(X) = 0$ の任意の根が E にはいることを示せばよい.$\{\alpha^\sigma \mid \sigma \in G\}$ の元のうち相異なるものを

$$\alpha^{\sigma_1} = \alpha, \alpha^{\sigma_2}, \cdots, \alpha^{\sigma_s}$$

とする.これらは $p(X) = 0$ の根であり,任意の $\sigma \in G$ に対し

$$\{\alpha^{\sigma_1}, \alpha^{\sigma_2}, \cdots, \alpha^{\sigma_s}\} = \{\alpha^{\sigma \sigma_1}, \cdots, \alpha^{\sigma \sigma_s}\}$$

となる.ゆえに,

$$f(X) = \prod_{i=1}^{s}(X - \alpha^{\sigma_i}) \in E[X]$$

とおけば $f(X) \mid p(X)$ であり，$f(X) = 0$ は重根を持たない．また，係数は G-不変だから $E^G = F$ にはいる．すなわち，$f(X) \in F[X]$ となる．$f(X) \mid p(X)$ だから $p(X)$ の既約性より $p(X) = f(X)$ を得る．$f(X) = 0$ は重根を持たず，その根はすべて E にはいるから，$p(X) = 0$ も重根を持たず，その根はすべて E にはいることがわかる． ■

注意 1.7.10 体の拡大 $E \supset K \supset F$ において，E/F がガロア拡大ならば E/K もガロア拡大である．しかし K/F はガロア拡大であるとは限らない．たとえば，ω を 1 の原始 3 乗根とし，体の拡大

$$\mathbf{Q}(\omega, \sqrt[3]{2}) \supset \mathbf{Q}(\sqrt[3]{2}) \supset \mathbf{Q}$$

を考えれば，$\mathbf{Q}(\omega, \sqrt[3]{2})$ は $\mathbf{Q}$ 上の分離多項式 $X^3 - 2$ の最小分解体であるから，$\mathbf{Q}(\omega, \sqrt[3]{2})/\mathbf{Q}$ はガロア拡大である．さらに，$\mathbf{Q}(\omega, \sqrt[3]{2})/\mathbf{Q}(\sqrt[3]{2})$ もガロア拡大であるが，$\mathbf{Q}(\sqrt[3]{2})/\mathbf{Q}$ はガロア拡大ではない．

系 1.7.11 E を体とし，H を自己同型群 $\mathrm{Aut}(E)$ の有限部分群とする．このとき，E/E^H はガロア拡大で

$$\mathrm{Gal}(E/E^H) \cong H \text{ かつ } |H| = [E : E^H]$$

が成り立つ．

証明 H は E の E^H 上の自己同型写像からなるから

$$|H| \leq [E : E^H]$$

となる．そこで $|H| < [E : E^H]$ と仮定して矛盾をいう．$|H| = n$ とし，

$$H = \{\tau_1 = id, \tau_2, \cdots, \tau_n\}$$

とする．E が E^H 上線形独立な $n+1$ 個の元を含んだとし，その $n+1$ 個の元を

$$\alpha_1, \alpha_2, \cdots, \alpha_{n+1}$$

とする．行列

$$\begin{pmatrix} \alpha_1 & \alpha_2 & \cdots & \cdots & \alpha_{n+1} \\ \alpha_1^{\tau_2} & \alpha_2^{\tau_2} & \cdots & \cdots & \alpha_{n+1}^{\tau_2} \\ \vdots & \vdots & & & \vdots \\ \alpha_1^{\tau_n} & \alpha_2^{\tau_n} & \cdots & \cdots & \alpha_{n+1}^{\tau_n} \end{pmatrix}$$

は線形写像

$$\varphi : E^{n+1} \longrightarrow E^n$$

を与え，$\mathrm{Ker}\,\varphi \neq \{0\}$ となる．$\mathrm{Ker}\,\varphi$ の元のうち，零元 $\mathbf{0}$ 以外で成分に 0 の個数がもっとも多いものをとる．座標を並べ替えてその元 $(r_1, \cdots, r_{n+1})$ が

$$r_1 \neq 0, \cdots, r_s \neq 0, r_{s+1} = \cdots = r_{n+1} = 0$$

であるとして一般性を失わない．さらに，$r_i r_1^{-1}$ をあらためて r_i と書く．このとき

$$(*) \quad \alpha_1^{\tau_i} + \alpha_2^{\tau_i} r_2 + \cdots + \alpha_{s-1}^{\tau_i} r_{s-1} + \alpha_s^{\tau_i} r_s = 0 \quad (i = 1, \cdots, n)$$

が成り立つ．$\tau_1 = id$ のときを考えれば，$\{\alpha_i\}$ の E^H 上の線形独立性から，ある ℓ が存在して $r_\ell \notin E^H$ である．ゆえに，$\tau_k \in H$ で $r_\ell^{\tau_k} \neq r_\ell$ となるものが存在する．$(*)$ より

$$\alpha_1^{\tau_k \tau_i} + \alpha_2^{\tau_k \tau_i} r_2^{\tau_k} + \cdots + \alpha_s^{\tau_k \tau_i} r_s^{\tau_k} = 0 \quad (i = 1, \cdots, n)$$

となるが，全体として

$$\{\tau_k \tau_1, \cdots, \tau_k \tau_n\} = \{\tau_1, \cdots, \tau_n\}$$

だから

$$(**) \quad \alpha_1^{\tau_i} + \alpha_2^{\tau_i} r_2^{\tau_k} + \cdots + \alpha_s^{\tau_i} r_s^{\tau_k} = 0 \quad (i = 1, \cdots, n)$$

が成り立つ．$(*)$ 式から $(**)$ 式を引いて

$$\alpha_2^{\tau_i}(r_2 - r_2^{\tau_k}) + \cdots + \alpha_s^{\tau_i}(r_s - r_s^{\tau_k}) = 0 \quad (i = 1, \cdots, n)$$

を得る．
$$(0, r_2 - r_2^{\tau_k}, \cdots, r_s - r_s^{\tau_k}, 0, \cdots, 0)$$
の第 ℓ 座標は 0 でないから，$(r_1, \cdots, r_{n+1})$ よりも多く 0 を含む $\operatorname{Ker}\varphi$ の元となり仮定に反する．ゆえに，$[E : E^H] = |H|$ となる．

E の E^H 上の自己同型写像全体のなす群を G とする．$G \supset H$ であるから，$E^H \supset E^G$ を得る．他方，G の定義より G は E^H の元を動かさないから $E^G \supset E^H$ となる．ゆえに $E^H = E^G$ となる．

前半より
$$|G| = [E : E^G] = [E : E^H] = |H|$$
だから，$G = H$ を得る．よって，定理 1.7.9 の (iii) より E/E^H はガロア拡大で $\operatorname{Gal}(E/E^H) = G = H$ となる． ■

系 1.7.12 E/F をガロア拡大とする．このとき，$|\operatorname{Gal}(E/F)| = [E : F]$．

証明 定理 1.7.9 の (iii) より $E^{\operatorname{Gal}(E/F)} = F$ である．よって，系 1.7.11 より $[E : F] = [E : E^{\operatorname{Gal}(E/F)}] = |\operatorname{Gal}(E/F)|$ となる． ■

【例 1.7.13】 体 $\mathbf{C}$ 上の複素共役を ρ とし，ρ で生成される位数 2 の群を $G = \langle \rho \rangle$ とする．このとき，$\mathbf{C}^G = \mathbf{R}$ であり，$\operatorname{Gal}(\mathbf{C}/\mathbf{R}) \cong G$ となる．

1.8 超越的拡大

これまで主に体の代数的拡大を扱ってきた．本節では，代数的でない拡大の一般論を整理しておく．体の拡大を調べるためには必要なことではあるが，ガロア理論とはとくに関係がないので，本節は飛ばしても後の理解には問題ないであろう．

定義 1.8.1 E/F を体の拡大，S を E の部分集合とする．S のある有限個の元 $\theta_1, \theta_2, \cdots, \theta_r$ と F 係数の多項式 $f(X_1, X_2, \cdots, X_r)$ が存在して
$$f(\theta_1, \theta_2, \cdots, \theta_r) = 0$$

となるとき，S は F 上**代数的に従属** (algebraically dependent) であるという．そうでないとき，S は F 上**代数的に独立** (algebraically independent) であるという．

定義 1.8.2　E/F を体の拡大，S を E の F 上代数的に独立な部分集合とする．さらに，E が $F(S)$ の代数的拡大になるとき，S を拡大 E/F の**超越基底** (transcendental basis) という．とくに，拡大 E/F の超越基底で $E = F(S)$ となるものが存在するとき，E/F を**純超越的拡大**または**純超越拡大** (purely transcendental extension) という．

拡大 E/F において，E の F 上代数的に独立な部分集合 S が有限個の元からなる場合を考えよう．$S = \{\theta_1, \theta_2, \cdots, \theta_r\}$ とする．$X_1, X_2, \cdots, X_r$ を変数として準同型写像

$$\varphi: \quad F[X_1, X_2, \cdots, X_r] \quad \longrightarrow \quad E$$
$$f(X_1, X_2, \cdots, X_r) \quad \mapsto \quad f(\theta_1, \theta_2, \cdots, \theta_r)$$

を考えれば，S が代数的に独立であることから φ は単射となり，環の同型写像

$$F[X_1, X_2, \cdots, X_r] \cong F[\theta_1, \theta_2, \cdots, \theta_r]$$

を引き起こす．よって，商体を考えれば E の部分体 $F(\theta_1, \theta_2, \cdots, \theta_r)$ は r 変数の有理関数体と同型になる．つまり，$\theta_1, \theta_2, \cdots, \theta_r$ が代数的に独立であるときには，それらを変数とみなすことができるのである．

補題 1.8.3　体の拡大 E/F において，部分集合 $S \subset E$ が F 上代数的に独立であるとする．$\theta \in E$ が $F(S)$ 上代数的に独立であれば，$S \cup \{\theta\}$ は F 上代数的に独立である．

証明　もし $S \cup \{\theta\}$ が F 上代数的に従属であるとすると，S の有限個の元 $\theta_1, \cdots, \theta_r$ と多項式 $f(X_1, X_2, \cdots, X_r, X_{r+1}) \in F[X_1, X_2, \cdots, X_r, X_{r+1}]$ が存在して，$f(\theta_1, \cdots, \theta_r, \theta) = 0$ となる．f を X_{r+1} について整理して

$$f(X_1, X_2, \cdots, X_r, X_{r+1}) = \sum_{i=0}^{n} f_i(X_1, X_2, \cdots, X_r) X_{r+1}^i,$$
$$f_n(X_1, X_2, \cdots, X_r) \neq 0$$

と書く．S は F 上代数的に独立だから $f_n(\theta_1, \theta_2, \cdots, \theta_r) \neq 0$．したがって，$f(\theta_1, \cdots, \theta_r, X_{r+1})$ は恒等的に 0 ではない多項式で θ はその零点となる．これは θ が $F(S)$ 上代数的に独立であるという仮定に反する． ■

定理 1.8.4 E/F を体の拡大，$S \subset E$ を F 上代数的に独立な部分集合とする．T を E の部分集合とし，$E = F(S, T)$ が成り立つとする．このとき，T の部分集合 T_0 で，$S \cup T_0$ が E/F の超越基底になるようなものが存在する．

証明 $S \cup T$ の部分集合からなる集合

$$\Sigma = \{S' \mid S \subset S' \subset S \cup T, \ S' は F 上代数的に独立 \}$$

を考える．$S \in \Sigma$ だから，Σ は空ではない．集合 Σ に包含関係によって順序を入れる．そのとき，$\{S_\lambda\}_{\lambda \in \Lambda}$ を Σ の全順序部分集合とすれば，$\cup_{\lambda \in \Lambda} S_\lambda$ は Σ の元になる．よって Σ は帰納的全順序集合であるから，ツォルンの補題より Σ には極大元 Θ が存在する．$E = F(S, T)$ が $F(\Theta)$ 上代数的でないなら，$S \subset \Theta \subset S \cup T$ だから，T の元 θ で $F(\Theta)$ 上代数的に独立なものが存在する．補題 1.8.3 より $\Theta \cup \{\theta\}$ は Σ の元となり，Θ の極大性に反する．よって，Σ が求める超越基底である． ■

定理 1.8.5 体の拡大 E/F が有限集合からなる超越基底を持てば，他の超越基底も有限集合で，そこに含まれる元の数はとり方によらず一定である．

証明 $S = \{x_1, \cdots, x_n\}$ を超越基底とする．$T = \{y_1, \cdots, y_m\}$ をもう 1 つの超越基底とする．y_1 は $F(S)$ 上代数的だから，F 上の $n+1$ 変数の多項式 f で $f(y_1, x_1, x_2, \cdots, x_n) = 0$ となるものが存在する．さらに仮定より，f の中には y_1 と，$x_1, x_2, \cdots, x_n$ の中の少なくとも 1 つは現れる．番号をつけかえて x_1 が現れるとしてよい．このとき，x_1 は $F(y_1, x_2, \cdots, x_n)$ 上代数的となる．ゆえに，$E/F(y_1, x_2, \cdots, x_n)$ は代数的拡大になる．S の元を番号をつけかえながらこの操作を続けると，x_2 と y_2，x_3 と y_3 などが順に入れ替えられる．もし，$n < m$ であれば，この操作を n 回行ったとき，$E/F(y_1, \cdots, y_n)$ は代数的拡大になるから，とくに，$y_{n+1}, \cdots, y_m$ は $F(y_1, \cdots, y_n)$ 上代数的となって仮定に反する．ゆえに，$n \geq m$ となる．S と T の役割を入れ替えて同様の議論をすれば，$n \leq m$ を得る．よって，$n = m$ となる． ■

定義 1.8.6　E/F を体の拡大とするとき，超越基底 S に含まれる元の数を trans.$\deg_F E$ と書き，**超越次数** (transcendental degree) という．S が無限個の元を含めば trans.$\deg_F E = \infty$ である．

定理 1.8.7　L を体の拡大 E/F の中間体とするとき，trans.$\deg_F E$ が有限になることと，trans.$\deg_L E$ と trans.$\deg_F L$ が有限になることは同値である．このとき，
$$\text{trans.}\deg_F E = \text{trans.}\deg_L E + \text{trans.}\deg_F L$$
が成り立つ．

証明　S を拡大 E/L の超越基底，T を L/F の超越基底とする．$E/L(S)$ および $L/F(T)$ は代数的拡大である．よって，$L(S)/F(S,T)$ は代数的となり，したがって $E/F(S,T)$ も代数的拡大となる．$S \cup T$ が F 上代数的に従属であるとすると，T が F 上代数的に独立であることから，S が $F(T)$ 上代数的に従属となる．これは，S が L 上代数的に独立であることに反する．よって，$S \cup T$ が拡大 E/F の超越基底となる．したがって，定理 1.8.5 から結果はしたがう．　∎

章末問題

(1) 整域 R が体 F を含み，R を F 上のベクトル空間とみて有限次元になるならば R も体になることを示せ．とくに，有限個の元からなる整域は体になることを示せ．

(2) 体 E が素体 P を含むとする．体 E の自己同型写像は P 上の自己同型写像であることを示せ．

(3) 任意の体 F の乗法群 F^* の有限部分群は巡回群であることを示せ．

(4) X を変数とするとき，$\mathbf{Q}[X]/(X^2-2)$ の構造を調べよ．それは体になるか．

(5) $f(X)$ を実係数の 2 次多項式とするとき，$\mathbf{R}[X]/(f(X))$ の構造を調べよ．それはいつ体になるか．

(6) n を自然数とし，$f(X)$ を複素係数の n 次多項式とするとき，$\mathbf{C}[X]/(f(X))$ の構造を調べよ．それはいつ体になるか．

(7) $\mathbf{Z}[\sqrt{-1}]/(1+\sqrt{-1})$ の構造を調べよ．それは体になるか．

(8) 体 F 上の多項式 $f(X), g(X)$ が，体 F の任意の元 α に対し $f(\alpha)=g(\alpha)$ となるならば，$f(X)=g(X)$ となるか．

(9) すべての素数の平方根は有理数体上線形独立であることを示せ．

(10) 有限体 $\mathbf{F}_2 = \mathbf{Z}/2\mathbf{Z}$ において，次の多項式を因数分解せよ．

  (i) X^2+X+1 (ii) X^3+X^2+X+1 (iii) X^6-1

(11) 有限体 $\mathbf{F}_3 = \mathbf{Z}/3\mathbf{Z}$ において，次の多項式を因数分解せよ．

  (i) X^2+X+1 (ii) X^3+X+2 (iii) X^4+X^3+X+1

(12) 体 F 上の既約多項式 $f(X), g(X)$ を考え，α, β をそれぞれ $f(X)=0, g(X)=0$ の代数的閉包 $\bar{F}$ における根とする．このとき，$f(X)$ が $F(\beta)$ 上既約であることと $g(X)$ が $F(\alpha)$ 上既約であることは同値であることを示せ．

(13) 体 F 上の次数が 1 以上の 1 変数多項式 $f(X), g(X)$ について，$f(X)$ が既約であれば，合成多項式 $f(g(X))$ の各既約因子の次数は $\deg f(X)$ で割り切れることを示せ．

(14) p を素数，K を標数 p の体，$a \in K$ とする．X^p-a が $K[X]$ で既約であるための必要十分条件は $a \notin K^p$ であることを示せ．

(15) 実数体 $\mathbf{R}$ 上の有限次元多元体（$\mathbf{R}$ を含み，$\mathbf{R}$ 上のベクトル空間として有限次元になる斜体）は，実数体 $\mathbf{R}$，複素数体 $\mathbf{C}$，ハミルトンの四元数体 $\mathbf{H}$ のいず

れかに同型であることを示せ．

(16) 次の体の拡大 E/F の拡大次数 $[E:F]$ を求めよ．
  (i) $E = \mathbf{Q}(\sqrt{2}, \sqrt{3}, \sqrt{5})$, $F = \mathbf{Q}$ (ii) $E = \mathbf{Q}(\sqrt{2}, \sqrt{3}, \sqrt{5})$, $F = \mathbf{Q}(\sqrt{2})$
  (iii) $E = \mathbf{Q}(\sqrt{2}, \sqrt[3]{2})$, $F = \mathbf{Q}$ (iv) $E = \mathbf{Q}(\sqrt{2}, \sqrt[3]{2}, \sqrt[4]{2})$, $F = \mathbf{Q}$
  (v) $E = \mathbf{Q}(\sqrt{2} + \sqrt[4]{2})$, $F = \mathbf{Q}$

(17) 次の元の $\mathbf{Q}$ 上の最小多項式を求めよ．
  (i) $\sqrt{2} + \sqrt{3}$ (ii) $1 + \sqrt[3]{2}$ (iii) $\sqrt{-1}$ (iv) $\sqrt[3]{2} + \sqrt[3]{3}$

(18) 有理数体 $\mathbf{Q}$ 上の方程式 $X^4 + X^3 + X^2 + X + 1 = 0$ の 1 根を θ とする．元 $1/(\theta^2 + 1) \in \mathbf{C}$ を θ の多項式で表せ．

(19) $\mathbf{Q}(\sqrt{2})$ と $\mathbf{Q}(\sqrt{3})$ は同型にならないことを示せ．

(20) ω を 1 の原始 3 乗根とする．体 $\mathbf{Q}(\sqrt[3]{2}, \omega)$ において，$\sqrt[3]{2}$ と ω を入れ替える自己同型写像は存在するか．

(21) ω を 1 の原始 3 乗根とするとき，$\mathbf{Q}(\omega)$ は実数体 $\mathbf{R}$ の部分体と同型になり得るか．

(22) ω を 1 の原始 3 乗根とするとき，$\mathbf{Q}(\sqrt[3]{2}\omega)$ は実数体 $\mathbf{R}$ の部分体と同型になり得るか．また，$\mathbf{Q}(\sqrt[3]{2}\omega)$ から実数体 $\mathbf{R}$ の中への同型写像の，$\mathbf{Q}(\sqrt[3]{2}, \omega)$ から複素数体 $\mathbf{C}$ の中への同型写像への延長をすべて求めよ．

(23) $\mathbf{Q}(\sqrt[3]{2}, \sqrt[5]{3})$ の $\mathbf{Q}$ 上の自己同型写像は恒等写像しか存在しないことを示せ．

(24) k を標数 $p > 0$ の体，X を不定元とする．体 $k(X)$ の $k(X^p)$ 上の自己同型写像は恒等写像しかないことを示せ．

(25) m, n を 0 でない整数とするとき，体 $\mathbf{Q}(\sqrt{m})$ と $\mathbf{Q}(\sqrt{n})$ が同型になるための必要十分条件を求めよ．

(26) 多項式 $X^4 - X^2 + 4$ の $\mathbf{Q}$ 上の最小分解体を求めよ．

(27) 体 F 上の n 次多項式 $f(X) \in F[X]$ の F 上の最小分解体を E とする．このとき，$[E:F] \leq n!$ となることを示せ．

(28) 多項式 $X^3 - 2$ の $\mathbf{Q}$ 上の最小分解体を E とする．拡大 $E/\mathbf{Q}$ の単純拡大としての生成元を 1 つ求めよ．

(29) 体の拡大 $\mathbf{Q}(\sqrt{2}, \sqrt{3}, \sqrt{5})/\mathbf{Q}$ は単純拡大か．そうなら，単純拡大としての生成元を 1 つ求めよ．

(30) 有限体 $\mathbf{F}_2$ の代数的閉包を k とする．$\mathbf{F}_2$ に $X^2 + X + 1 = 0$ の 1 根 $\zeta_2 \in k$ と $X^3 + X + 1 = 0$ の 1 根 $\zeta_3 \in k$ を添加した拡大 $\mathbf{F}_2(\zeta_2, \zeta_3)/\mathbf{F}_2$ は単純拡大か．

(31) 体 F の代数的拡大 $F(\alpha, \beta)$ において，α が F 上分離的ならば拡大 $F(\alpha, \beta)/F$ は単純拡大になることを示せ．

(32) n 次分離拡大 E/F の中間体の個数は 2^{n-1} 以下であることを示せ．

(33) 有限次拡大 E/F が単純拡大であるための必要十分条件は，中間体が有限個しかないことである．このことを示せ．

(34) F を標数 $p > 0$ の体，a を F 上代数的な元とする．このとき，a が F 上分離的であるための必要十分条件は，$F(a) = F(a^p)$ となることである．このことを示せ．

(35) 有限次代数的拡大 E/F において，E から E への F 上の準同型写像は E の上への写像になり，したがって，E の F 上の自己同型写像になることを示せ．

(36) 複素数体 $\mathbf{C}$ から $\mathbf{C}$ への単射準同型写像は，$\mathbf{C}$ の自己同型写像となるか．

(37) 複素数体 $\mathbf{C}$ の自己同型群は無限群になることを示せ．

(38) E/F を正規拡大とする．$F[X]$ の既約多項式 f を $E[X]$ において既約因子に分解するとき，各既約因子の次数は相等しいことを示せ．

(39) 次の拡大は正規拡大か．
(i) $\mathbf{Q}(\sqrt{2})/\mathbf{Q}$ (ii) $\mathbf{Q}(\sqrt[5]{2})/\mathbf{Q}$ (iii) ζ_8 を1の原始8乗根とするとき，$\mathbf{Q}(\zeta_8)/\mathbf{Q}$
(iv) ζ_5 を1の原始5乗根とするとき，$\mathbf{Q}(\sqrt[5]{2}, \zeta_5)/\mathbf{Q}$

(40) E_1, E_2 は体 F の正規拡大で，代数的閉包 $\bar{F}$ に含まれるとする．このとき，$E_1 \cap E_2$ も F の正規拡大であることを示せ．

(41) 体 F に群 G が次のように作用しているとき，G の不変体を求めよ．
(i) $F = \mathbf{Q}(\sqrt{2}, \sqrt{-2})$, $G = \langle \sigma \rangle$.

$$\sigma : \begin{cases} \sqrt{2} & \mapsto -\sqrt{2} \\ \sqrt{-2} & \mapsto -\sqrt{-2} \end{cases}$$

(ii) $F = \mathbf{Q}(\sqrt[3]{2}, \omega)$ (ω は1の原始3乗根)，$G = \langle \sigma \rangle$.

$$\sigma : \begin{cases} \sqrt[3]{2} & \mapsto \sqrt[3]{2}\omega \\ \omega & \mapsto \omega^2 \end{cases}$$

(iii) $F = \mathbf{Q}(\sqrt[3]{2}, \omega)$, $G = \langle \sigma \rangle$.

$$\sigma : \begin{cases} \sqrt[3]{2} & \mapsto \sqrt[3]{2} \\ \omega & \mapsto \omega^2 \end{cases}$$

(iv) $F = \mathbf{Q}(\zeta_8)$ (ζ_8 は1の原始8乗根)，$G = \langle \sigma \rangle$.

$$\sigma : \zeta_8 \mapsto \zeta_8^5$$

(v) $F = \mathbf{Q}(X, Y)$ (X, Y は不定元)，$G = \langle \sigma \rangle$.

$$\sigma : \begin{cases} X & \mapsto & -X \\ Y & \mapsto & -Y \end{cases}$$

(vi) $F = \mathbf{Q}(t)$ (t は不定元), $G = \langle \sigma \rangle$.

$$\sigma : t \mapsto 1/t$$

(42) 整域 R とその部分整域 S があり, R の任意の元 a に対し, 最高次係数が 1 の適当な S 係数多項式

$$f_a(X) = X^n + a_{n-1}X^{n-1} + \cdots + a_0$$

があって $f(a) = 0$ となるとき, R は S 上**整** (integral) であるという. S を体 F の部分環とし, F が S 上整であるとするならば, S も体になることを示せ.

(43) F を体とし, $F \supset R$ を部分環とする. F が R-加群として有限生成であるならば, R も体になることを示せ.

(44) R を整域とし, G を R の自己同型群の有限部分群とする. R の G による不変環を $R^G = \{a \in R \mid \sigma(a) = a, \forall \sigma \in G\}$ とするとき, R は R^G 上整であることを示せ.

(45) $\mathbf{C}[X, Y]$ を $\mathbf{C}$ 上の 2 変数多項式環とし, $n > 2$ を自然数, ζ を 1 の原始 n 乗根とする.

$$\begin{array}{rccc} \sigma : & \mathbf{C}[X,Y] & \longrightarrow & \mathbf{C}[X,Y] \\ & X & \mapsto & \zeta X \\ & Y & \mapsto & \zeta^{-1} Y \end{array}$$

なる環の自己同型写像で生成される群を $G = \langle \sigma \rangle$ とおく. このとき, 不変環 $\mathbf{C}[X, Y]^G$ を求めよ.

(46) $\mathbf{C}$ の自己同型写像全体からなる群を G とする. 不変体 $\mathbf{C}^G$ を求めよ.

(47) k を標数 $p > 0$ の代数的閉体, E を k 上の有限生成拡大体で超越次数が n であるとする. $E^p = \{a^p \mid a \in E\}$ とおくとき, E^p も k の拡大体であることを示せ. さらに, E/E^p は代数的拡大で $[E : E^p] = p^n$ となることを示せ.

(48) x を体 k 上の超越元とする. $y \in k(x) (y \notin k)$ を互いに素な多項式 $f(x), g(x) \in k[x]$ を用いて $y = f(x)/g(x)$ と表わす. このとき, $g(x)y - f(x)$ は $k(y)$ 上の既約多項式であることを示せ. とくに, $[k(x) : k(y)] = \max(\deg f, \deg g)$ となる.

(49) k を体, X を不定元とするとき, $k(X)$ の k 上の自己同型群を決定せよ.

(50) (リューローの定理) $k(x)$ を体 k 上の 1 変数有理関数体とする. $K \neq k$ となる中間体 K に対し, K の適当な元 θ が存在して $K = k(\theta)$ となることを示せ.

第2章 ガロア理論

2.1 ガロアの基本定理

本節では，主定理であるガロアの基本定理の解説を行う．

定理 2.1.1（ガロアの基本定理） E/F をガロア拡大とし，そのガロア群を $G = Gal(E/F)$ とする．G の部分群 H と E/F の中間体 K に対し

$$\mathcal{F}(H) = \{\alpha \in E \mid \alpha^\tau = \alpha, \, \forall \tau \in H\}$$
$$\mathcal{G}(K) = \{\sigma \in G \mid r^\sigma = r, \, \forall r \in K\}$$

とおく．このとき，$\mathcal{F}(H)$ は拡大 E/F の中間体，$\mathcal{G}(K)$ は G の部分群であり，次が成立する．

(0) $[E : F] = |G|$.
(1) E/K はガロア拡大で $Gal(E/K) = \mathcal{G}(K)$.
(2)

$$\{E/F \text{ の中間体}\} \xrightarrow[\mathcal{F}]{\mathcal{G}} \{Gal(E/F) \text{ の部分群}\}$$

$$K \mapsto \mathcal{G}(K)$$
$$\mathcal{F}(H) \mapsfrom H$$

は互いに逆の 1 対 1 対応である．

(3) K, K_1, K_2 を E/F の中間体とする．このとき，次が成立する．
　(i) $K_1 \supset K_2 \Leftrightarrow \mathcal{G}(K_1) \subset \mathcal{G}(K_2)$
　(ii) $\langle \mathcal{G}(K_1) \cup \mathcal{G}(K_2) \rangle = \mathcal{G}(K_1 \cap K_2)$
　(iii) $\mathcal{G}(K_1) \cap \mathcal{G}(K_2) = \mathcal{G}(K_1 K_2)$
　(iv) $\sigma \in Gal(E/F)$ に対し $\mathcal{G}(K^\sigma) = \sigma \mathcal{G}(K) \sigma^{-1}$

(4) E/F の中間体 K に対し次が成り立つ.

$$K/F \text{ がガロア拡大} \Leftrightarrow \mathcal{G}(K) \triangleleft G$$

このとき, $Gal(K/F) \cong G/\mathcal{G}(K)$.

証明 (0) は系 1.7.11 ですでに示した. また, (1) は注意 1.7.10 とガロア群の定義からしたがう.

(2) $E^{\mathcal{G}(K)} = \mathcal{F} \circ \mathcal{G}(K) \supset K$ は明らか. 系 1.7.11 と, E/K はガロア拡大で $\mathcal{G}(K)$ がそのガロア群であることを用いれば

$$[E : E^{\mathcal{G}(K)}] = |\mathcal{G}(K)| = [E : K]$$

を得るから $E^{\mathcal{G}(K)} = K$ となる. また, $\mathcal{F}(H) = E^H$ だから, 系 1.7.11 より E/E^H のガロア群は, H と同型になる. 他方, $E^H = \mathcal{F}(H)$ を用いれば, (1) より E/E^H のガロア群は $\mathcal{G} \circ \mathcal{F}(H)$ となる. ゆえに, $\mathcal{G} \circ \mathcal{F}(H) \supset H$ を考慮すれば, $\mathcal{G} \circ \mathcal{F}(H) = H$ を得る.

(3)(i) は (2) から明らか.

(ii) $K_i \supset K_1 \cap K_2$ $(i = 1, 2)$ だから $\mathcal{G}(K_i) \subset \mathcal{G}(K_1 \cap K_2)$ を得る. ゆえに $\langle \mathcal{G}(K_1) \cup \mathcal{G}(K_2) \rangle \subset \mathcal{G}(K_1 \cap K_2)$ となる. 逆に $\mathcal{F}(\langle \mathcal{G}(K_1) \cup \mathcal{G}(K_2) \rangle) = K$ とおけば, $K \subset K_i$ $(i = 1, 2)$ ゆえ $K \subset K_1 \cap K_2$ を得る. ゆえに,

$$\langle \mathcal{G}(K_1) \cup \mathcal{G}(K_2) \rangle = \mathcal{G}(K) \supset \mathcal{G}(K_1 \cap K_2)$$

となる. 以上から (ii) が示せた.

(iii) $K_i \subset K_1 K_2$ より $\mathcal{G}(K_i) \supset \mathcal{G}(K_1 K_2)$ となる. ゆえに $\mathcal{G}(K_1) \cap \mathcal{G}(K_2) \supset \mathcal{G}(K_1 K_2)$ を得る. $K = \mathcal{F}(\mathcal{G}(K_1) \cap \mathcal{G}(K_2))$ とおけば $K \supset K_i$ $(i = 1, 2)$ だから $K \supset K_1 K_2$ を得る. ゆえに

$$\mathcal{G}(K_1) \cap \mathcal{G}(K_2) = \mathcal{G}(K) \subset \mathcal{G}(K_1 K_2)$$

となる. したがって, $\mathcal{G}(K_1) \cap \mathcal{G}(K_2) = \mathcal{G}(K_1 K_2)$ を得る.

(iv)
$$\begin{aligned}
\tau \in \mathcal{G}(K^\sigma) &\Leftrightarrow a^{\tau\sigma} = a^\sigma, \quad \forall a \in K \\
&\Leftrightarrow \sigma^{-1} \tau \sigma \in \mathcal{G}(K) \\
&\Leftrightarrow \tau \in \sigma \mathcal{G}(K) \sigma^{-1}.
\end{aligned}$$

(4) まず，K/F がガロア拡大になるための必要十分条件は任意の $\sigma \in G$ に対し $K^\sigma = K$ が成立することであることを示そう．

まず必要性を示す．もし $\sigma \in Gal(E/F)$ で $K^\sigma \neq K$ となるものが存在すれば，$\alpha \in K$ で $\alpha^\sigma \notin K$ となるものが存在する．α の F 上の最小多項式を $q(X)$ とすれば，$q(\alpha) = 0$ かつ $q(\alpha^\sigma) = 0$ であり，$\alpha^\sigma \notin K$ となる．ゆえに K/F は正規でない．

次に十分性を示す．E/F は分離的だから K/F も分離的である．$\alpha \in K$ の F 上の最小多項式を $q(X)$ とする．E/F はガロア拡大だから，$q(X) = 0$ の根はすべて E にはいる．$q(X)$ の既約性から，$q(X) = 0$ の任意の根 β に対し $\sigma \in Gal(E/F)$ で $\alpha^\sigma = \beta$ となるものがある．条件より $\beta = \alpha^\sigma \in K$．よって K/F は正規拡大である．以上より，K/F はガロア拡大となる．

この結果を用いれば，

$$K/F \text{ がガロア拡大}$$
$$\Leftrightarrow \quad K^\sigma = K, \quad \forall \sigma \in G$$
$$\Leftrightarrow \quad \mathcal{G}(K^\sigma) = \mathcal{G}(K), \quad \forall \sigma \in G$$
$$\Leftrightarrow \quad \sigma \mathcal{G}(K) \sigma^{-1} = \mathcal{G}(K), \quad \forall \sigma \in G$$
$$\Leftrightarrow \quad \mathcal{G}(K) \triangleleft G$$

となる．このとき，

$$\varphi : Gal(E/F) \longrightarrow Gal(K/F)$$
$$\sigma \mapsto \sigma|_K$$

なる制限写像は自己同型写像の延長定理より全射である．また，$\mathrm{Ker}\,\varphi = Gal(E/K) = \mathcal{G}(K)$ だから，準同型定理によって $G/\mathcal{G}(K) \tilde{\to} Gal(K/F)$ を得る． ∎

2.2 ガロア群の計算例

本節では，ガロア群の構造に関する基本的な事実を調べ，計算例をいくつか挙げる．

(1) ガロア群と根の置換

F を体とし，$f(X) \in F[X]$ を分離多項式とする．E を $f(X)$ の最小分解体

とし，
$$f(X) = a(X-\alpha_1)(X-\alpha_2)\cdots(X-\alpha_n), \quad a \in F,\ \alpha_i \in E\ (i=1,\cdots,n)$$
とする．このとき，$E = F(\alpha_1,\cdots,\alpha_n)$ であり，E/F はガロア拡大である．$Gal(E/F) \ni \sigma$ に対し，
$$f(\alpha_i) = 0 \Rightarrow f(\alpha_i^\sigma) = 0$$
であるから，$Gal(E/F)$ は $f(X) = 0$ の根の置換を引き起こす．したがって，$Gal(E/F) \subset S_n$（n 次対称群）となる．

注意 2.2.1 $f(X)$ が F 上既約でも $Gal(E/F) \cong S_n$ とは限らない．しかし，$f(X)$ が F 上既約なら，すでに述べたように，任意に選んだ 2 根 α_i, α_j に対し
$$\alpha_i \mapsto \alpha_j$$
となる $\sigma \in Gal(E/F)$ が存在する．

(2) 2 次の分離拡大のガロア群

E/F を 2 次の分離拡大とする．$E \setminus F \ni \alpha$ をとる．$F(\alpha)$ は F の真の拡大であり $[E:F] = 2$ であるから，$E = F(\alpha)$ となる．α の F 上の最小多項式は 2 次の多項式 $q(X) = X^2 + aX + b\ (a, b \in F)$ である．もう 1 根を β とすれば，
$$\alpha + \beta = -a$$
が成り立つ．ゆえに $\beta = -a - \alpha \in E$ となるから，E は $q(X)$ の最小分解体となる．よって E/F はガロア拡大である．$|Gal(E/F)| = [E:F] = 2$ だから $Gal(E/F)$ は位数 2 の群である．E の F 上の自己同型写像
$$\iota : \alpha \mapsto \beta = -a - \alpha$$
を考えれば，ガロア群は $Gal(E/F) = \langle 1, \iota \rangle$ で与えられる．F の標数 $p \neq 2$ とすると
$$q(X) = \left(X + \frac{a}{2}\right)^2 + \frac{4b - a^2}{4}$$
となるから，

$$\gamma = \alpha + \frac{a}{2} \in E, \quad c = \frac{a^2 - 4b}{4} \in F$$

とおけば，

$$E = F(\alpha) = F(\gamma)$$

であり，γ は $X^2 - c = 0$ の根となる．この表示を用いれば自己同型写像 ι は

$$\iota : \gamma \mapsto -\gamma$$

で与えられる．

(3) $Gal(E/F) \cong \mathbf{Z}/2\mathbf{Z} \times \mathbf{Z}/2\mathbf{Z}$ となるガロア拡大の例

有理数体 $\mathbf{Q}$ 上の多項式 $f(X) = (X^2-2)(X^2-3)$ を考える．$E = \mathbf{Q}(\sqrt{2}, \sqrt{3})$, $F = \mathbf{Q}$ とおけば，次のような図式を得る．

$$\begin{array}{ccc}
& E = \mathbf{Q}(\sqrt{2}, \sqrt{3}) & \\
\diagup & & \diagdown \\
\mathbf{Q}(\sqrt{2}) & & \mathbf{Q}(\sqrt{3}) \\
\diagdown & & \diagup \\
& F = \mathbf{Q} &
\end{array}$$

$$[\mathbf{Q}(\sqrt{2}, \sqrt{3}) : \mathbf{Q}] = [\mathbf{Q}(\sqrt{2}, \sqrt{3}) : \mathbf{Q}(\sqrt{2})][\mathbf{Q}(\sqrt{2}) : \mathbf{Q}] = 2 \times 2 = 4.$$

だから，$|Gal(E/F)| = 4$. E の自己同型写像

$$\sigma : \begin{cases} \sqrt{3} \mapsto -\sqrt{3} \\ \sqrt{2} \mapsto \sqrt{2} \end{cases} \qquad \tau : \begin{cases} \sqrt{3} \mapsto \sqrt{3} \\ \sqrt{2} \mapsto -\sqrt{2} \end{cases}$$

を考えれば，それぞれ位数は 2 で，$Gal(E/\mathbf{Q}(\sqrt{2})) = \{\sigma, id\}$, $Gal(E/\mathbf{Q}(\sqrt{3})) = \{\tau, id\}$ となる．交換関係式は

$$\sigma\tau = \tau\sigma,$$
$$\sigma^2 = \tau^2 = id$$

となる．また，

$$Gal(E/\mathbf{Q}) \supset Gal(E/\mathbf{Q}(\sqrt{2})), Gal(E/\mathbf{Q}(\sqrt{3}))$$

であるから，$Gal(E/\mathbf{Q})$ の位数が 4 であることから

$$\begin{array}{rcl}
Gal(L/\mathbf{Q}) = <\sigma,\tau> & \cong & \mathbf{Z}/2\mathbf{Z} \times \mathbf{Z}/2\mathbf{Z} \\
\sigma & \mapsto & (1,0) \\
\tau & \mapsto & (0,1)
\end{array}$$

を得る．$Gal(E/F)$ の部分群と対応する E の部分体の関係は

$$\begin{array}{cccc}
\text{部分群} & <\sigma> & <\tau> & <\sigma\tau> \\
& \updownarrow & \updownarrow & \updownarrow \\
\text{部分体} & \mathbf{Q}(\sqrt{2}) & \mathbf{Q}(\sqrt{3}) & \mathbf{Q}(\sqrt{6})
\end{array}$$

となる．

(4) $Gal(E/F) \cong S_3$ となるガロア拡大の例

$f(X) = X^3 - 2$ は $\mathbf{Q}$ 上既約な多項式である．ω を 1 の原始 3 乗根とするとき，$f(X) = 0$ の 3 根は $\sqrt[3]{2}, \sqrt[3]{2}\omega, \sqrt[3]{2}\omega^2$ であるから，$f(X)$ の $\mathbf{Q}$ 上の最小分解体は

$$E = \mathbf{Q}(\sqrt[3]{2}, \sqrt[3]{2}\omega, \sqrt[3]{2}\omega^2) = \mathbf{Q}(\sqrt[3]{2}, \omega)$$

で与えられる．$F = \mathbf{Q}$ とおく．

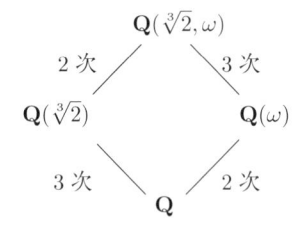

$$\begin{array}{ccc}
& \mathbf{Q}(\sqrt[3]{2}, \omega) & \\
{}^{2\text{次}}\diagup & & \diagdown{}^{3\text{次}} \\
\mathbf{Q}(\sqrt[3]{2}) & & \mathbf{Q}(\omega) \\
{}^{3\text{次}}\diagdown & & \diagup{}^{2\text{次}} \\
& \mathbf{Q} &
\end{array}$$

E の自己同型写像

$$\sigma : \begin{cases} \sqrt[3]{2} & \mapsto \sqrt[3]{2} \\ \omega & \mapsto \omega^2 \end{cases} \quad \tau : \begin{cases} \sqrt[3]{2} & \mapsto \sqrt[3]{2}\omega \\ \omega & \mapsto \omega \end{cases}$$

を考えれば，交換関係式は

$$\sigma^2 = id,\ \tau^3 = id,\ \sigma^{-1}\tau\sigma = \tau^2$$

であり，$Gal(E/\mathbf{Q}(\sqrt[3]{2})) = \langle \sigma \rangle$, $Gal(E/\mathbf{Q}(\omega)) = \langle \tau \rangle$ となる．$Gal(E/F) \supset \langle \sigma, \tau \rangle \supset \{e\}$ で，$Gal(E/F)$ の位数は 6．また，σ の位数 2 と τ の位数 3 の最小公倍数は 6 だから，群 $\langle \sigma, \tau \rangle$ の位数は 6 の倍数になる．ゆえに，

$$\begin{array}{rcl} Gal(E/F) & = & \langle \sigma, \tau \rangle \cong S_3 \\ \sigma & \mapsto & (1,2) \\ \tau & \mapsto & (1,2,3) \end{array}$$

を得る．ガロア群 $Gal(E/F) \cong S_3$ の真の部分群と対応する E の部分体の関係は次の通りである．

	A_3	$\{1,(1,2)\}$	$\{1,(1,3)\}$	$\{1,(2,3)\}$
	‖	‖	‖	‖
部分群	$\langle \tau \rangle$	$\langle \sigma \rangle$	$\langle \tau\sigma \rangle$	$\langle \tau^2\sigma \rangle$
	↕	↕	↕	↕
部分体	$\mathbf{Q}(\omega)$	$\mathbf{Q}(\sqrt[3]{2})$	$\mathbf{Q}(\sqrt[3]{2}\omega^2)$	$\mathbf{Q}(\sqrt[3]{2}\omega)$

(5) $Gal(E/F) \cong D_4$（4 次の 2 面体群）となるガロア拡大の例

$\mathbf{Q}$ 上の既約多項式 $f(X) = X^4 - 2$ を考える．$i = \sqrt{-1}$ とするとき，$f(X) = 0$ の根は

$$\sqrt[4]{2}, \sqrt[4]{2}i, -\sqrt[4]{2}, -\sqrt[4]{2}i$$

であるから，$f(X)$ の $\mathbf{Q}$ 上の最小分解体は $E = \mathbf{Q}(\sqrt[4]{2}, i)$ で与えられる．$F = \mathbf{Q}$ とおく．

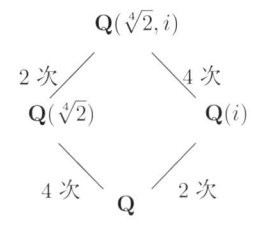

$$\begin{array}{ccc} & \mathbf{Q}(\sqrt[4]{2}, i) & \\ {}_{2\text{次}}\diagup & & \diagdown{}^{4\text{次}} \\ \mathbf{Q}(\sqrt[4]{2}) & & \mathbf{Q}(i) \\ {}_{4\text{次}}\diagdown & & \diagup{}^{2\text{次}} \\ & \mathbf{Q} & \end{array}$$

E の自己同型写像

$$\sigma : \begin{cases} \sqrt[4]{2} \mapsto \sqrt[4]{2}i \\ i \mapsto i \end{cases} \qquad \tau : \begin{cases} \sqrt[4]{2} \mapsto \sqrt[4]{2} \\ i \mapsto -i \end{cases}$$

を考えれば，交換関係式

$$\sigma^4 = \tau^2 = id,\ \tau\sigma = \sigma^3\tau$$

を満たす．したがって $Gal(E/\mathbf{Q}) \cong D_4$ となる．

(6) $L = F(t_1,\cdots,t_n)$ を体 F 上の n 変数有理式体とする．変数 $t_1,\cdots,t_n$ の置換からなる群 $G = S_n$ を考え，$t_1,\cdots,t_n$ の基本対称式を

$$\begin{aligned}s_1 &= t_1 + \cdots + t_n \\ s_2 &= \sum_{i<j} t_i t_j \\ &\vdots \\ s_n &= t_1 t_2 \cdots t_n\end{aligned}$$

とおく．

$$L^G \supset F(s_1, s_2, \cdots, s_n) = K$$

となる．ガロアの基本定理より

$$[L : L^G] = |G| = n!$$

であり，また

$$[L : F(s_1, \cdots, s_n)] \leq n!$$

だから

$$L^G = F(s_1, \cdots s_n)$$

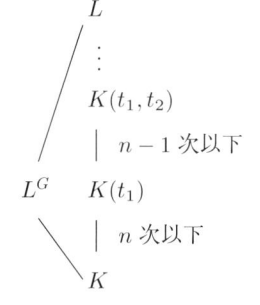

を得る．

ゆえに $Gal(L/L^G) \cong S_n$ となり，L は

$$f(X) = X^n - s_1 X^{n-1} + s_2 X^{n-2} - \cdots + (-1)^n s_n$$

の L^G 上の最小分解体とみなせる．

(7) シャファレヴィッチの定理

有理数体 $\mathbf{Q}$ の有限次代数的拡大体を **代数体** (algebraic field) という．K を

代数体とし，G を任意の有限可解群とするとき，有限次ガロア拡大 E/K で $Gal(E/K) \cong G$ となるようなものが存在することを，1954年，シャファレヴィッチが証明した．任意の代数体 K に対し，任意の有限群 G をガロア群にするようなガロア拡大 E/K が存在するかどうかは現在のところわかっていない．

2.3 円分体

定義 2.3.1 $\zeta^m = 1$ を満たす元 ζ を 1 の m **乗根** (m-th root of unity) という．1 の m 乗根 ζ で $1 \le d < m$ なる整数 d について $\zeta^d \ne 1$ となるものを 1 の**原始 m 乗根** (primitive m-th root of unity) という．

補題 2.3.2 Ω を代数的閉体とするとき次は同値である．
 (i) 1 の原始 m 乗根が存在する．
 (ii) 1 の m 乗根全体が位数 m の巡回群をなす．
 (iii) Ω の標数を p とするとき p は m と互いに素である．

証明 (ii) $\Rightarrow$ (i)：巡回群の生成元は 1 の原始 m 乗根である．
 (i) $\Rightarrow$ (iii)：対偶を示す．n を自然数として，$m = pn$ とする．$\zeta^m = 1$ ならば $(\zeta^n)^p = 1$ だから $\zeta^n = 1$ となる．よって ζ は 1 の原始 m 乗根でない．
 (iii) $\Rightarrow$ (ii)：$f(X) = X^m - 1 = 0$ と $f'(X) = mX^{m-1} = 0$ には共通根がないから，$X^m - 1 = 0$ は相異なる根を持つ．よって，$X^m - 1 = 0$ の根は位数 m のアーベル群をなす．$d \mid m$ なる自然数 d についても同様にして，$\{a \in \Omega \mid a^d = 1\}$ は位数 d のアーベル群となる．したがってこのアーベル群は巡回群 $\mathbf{Z}/m\mathbf{Z}$ に同型となる． ∎

定理 2.3.3 F を任意の体，$\bar{F}$ を F の代数的閉包とする．$\zeta_m \in \bar{F}$ を 1 の原始 m 乗根の 1 つとすれば，$F(\zeta_m)/F$ はアーベル拡大で $Gal(F(\zeta_m)/F) \subset (\mathbf{Z}/m\mathbf{Z})^*$ となる．

証明 先の補題 2.3.2 より $X^m - 1 = 0$ は重根を持たない．すなわち，ζ_m は F 上分離的である．ゆえに $F(\zeta_m)/F$ は分離拡大である．$X^m - 1 = 0$ の根は ζ_m のべきで尽くされるから $F(\zeta_m)$ は $X^m - 1$ の分解体となり $F(\zeta_m)/F$ は正規拡大である．したがって，$F(\zeta_m)/F$ はガロア拡大となる．

$Gal(F(\zeta_m)/F) \ni \sigma$ をとれば

$$\zeta_m^\sigma = \zeta_m^s$$

によって整数 s が $\mod m$ で決まる．これにより写像

$$\begin{array}{ccc} Gal(F(\zeta_m)/F) & \longrightarrow & (\mathbf{Z}/m\mathbf{Z})^* \\ \sigma & \mapsto & s \end{array}$$

を得る．これが群の準同型写像であることは，$Gal(F(\zeta_m)/F) \ni \sigma, \tau$ に対し $\zeta_m^\sigma = \zeta_m^s, \zeta_m^\tau = \zeta_m^t$ とすれば

$$(\zeta_m)^{\tau\sigma} = ((\zeta_m)^\sigma)^\tau = (\zeta_m^s)^\tau = (\zeta_m^\tau)^s = \zeta_m^{st} = \zeta_m^{ts}$$

となることからしたがう．また，単射であることは，$\zeta_m^\sigma = \zeta_m$ ならば σ は $F(\zeta_m)$ の恒等写像となることからしたがう．以上から，$Gal(F(\zeta_m)/F) \subset (\mathbf{Z}/m\mathbf{Z})^*$，かつ $Gal(F(\zeta_m)/F)$ はアーベル群になることがわかる． ■

定義 2.3.4 $1, \cdots, m \ (m \geq 1)$ の中で m と互いに素な整数の数を $\varphi(m)$ と書き，**オイラーの関数**という．ただし，$\varphi(1) = 1$ とする．

補題 2.3.5 $\varphi(m) = |(\mathbf{Z}/m\mathbf{Z})^*|$ であり，標数 p が m と互いに素なら，$\varphi(m)$ は 1 の原始 m 乗根の数に等しい．

証明 前半は $\varphi(m)$ の定義から明らか．後半を示す．p は m と互いに素だから 1 の原始 m 乗根 ζ_m が存在する．このとき，

ζ_m^s が 1 の原始 m 乗根でない．

⇔ $(\zeta_m^s)^d = 1 \ (1 \leq d \leq m-1)$ となる整数 d が存在する．

⇔ $m \mid sd \ (1 \leq d \leq m-1)$ となる整数 d が存在する．

⇔ $(m, s) > 1$．

よって ζ_m^s が 1 の原始 m 乗根であるための必要十分条件は $(m, s) = 1$ である．$(m, s) = 1 \ (1 \leq s \leq m-1)$ を満たす整数 s の数は $\varphi(m)$ 個だから結果を得る． ■

定義 2.3.6 1 の原始 m 乗根全体を根にする最高次係数 1 の多項式 $\Phi_m(X)$ を**円周等分多項式** (m-th cyclotomic polynomial) という．また，$\Phi_m(X) = 0$ を**円周等分方程式**という．

円周等分方程式という名前は，複素数体では 1 の m 乗根が複素平面の単位円の m 等分点をなすことに由来している．

Ω を代数的閉体とする．Ω はある素体 P を含む：$\Omega \supset P$．$\mathrm{Aut}(\Omega) \ni \sigma$ をとる．P の元で，σ によって動かないものの全体 $P^{\langle\sigma\rangle}$ は体であり，$P \supset P^{\langle\sigma\rangle}$ となる．素体は真の部分体を含まないから $P = P^{\langle\sigma\rangle}$ となる．したがって $\mathrm{Aut}(\Omega)$ の元は素体の元を固定する．1 の原始 m 乗根 ζ_m は素体 P 上の方程式 $X^m - 1 = 0$ の原始根であるから ζ_m^σ も同様である．つまり σ は 1 の原始 m 乗根の置換を引き起こす．よって，$\Phi_m(X)$ は $\mathrm{Aut}(\Omega)$ の元で不変であり，$\Phi_m(X) \in P[X]$ となる．1 の m 乗根はある $d \mid m$ に対し 1 の原始 d 乗根であることを考慮すれば

$$X^m - 1 = \prod_{d\mid m} \Phi_d(X)$$
$$m = \sum_{d\mid m} \varphi(d)$$

を得る．これによって m の小さいほうから $\Phi_m(X)$ を決めることができる．

本節では，以後，体の標数を 0 とする．このとき $\Phi_m(X) \in \mathbf{Q}[X]$ である．$\Phi_m(X) = 0$ の任意の根は 1 の原始 m 乗根となる．原始 m 乗根の 1 つを ζ_m と書くことにする．

【例 2.3.7】

$$\Phi_1(X) = X - 1,\ \Phi_2(X) = X + 1,\ \Phi_3(X) = X^2 + X + 1,$$
$$\Phi_4(X) = X^2 + 1,\ \Phi_5(X) = X^4 + X^3 + X^2 + X + 1.$$

定理 2.3.8 体の標数を 0 とする．このとき $\Phi_m(X)$ は $\mathbf{Q}$ 上既約である．

証明 $\zeta = \zeta_m$ の $\mathbf{Q}$ 上の最小多項式 $f(X)$ が $\Phi_m(X)$ の因子とする．$\Phi_m(X)$ は $\mathbf{Z}$ 係数ゆえ $f(X)$ は $\mathbf{Z}$ 係数である．$f(X) = 0$ の根にならない 1 の原始 m 乗根 ζ^r のうち r が正で最小となるものをとる．p を $p \mid r$ なる素数とする．$(m, r) = 1$ となるから p は m と互いに素である．$\zeta_1 = \zeta^{r/p}$ は $f(X) = 0$ の根である．$\zeta_1^p = \zeta^r$ の最小多項式を $g(X)$ とする．$(f(X), g(X)) = 1$ だから $f(X)g(X) \mid \Phi_m(X)$ となる．ゆえに $f(X)g(X) \mid X^m - 1$ を得る．$g_1(X) = g(X^p)$ とおけば

$$g_1(\zeta_1) = g(\zeta_1^p) = g(\zeta^r) = 0$$

だから適当な $h(X) \in \mathbf{Z}[X]$ が存在して $g_1(X) = f(X)h(X)$ となる．$\mathrm{mod}\ p$

で考えて
$$g(X)^p \equiv g(X^p) = g_1(X) = f(X)h(X) \pmod{p}$$
である．mod p で考えた $\mathbf{F}_p[X]$ の多項式にバーをつければ，この式より $\bar{f}(X) = 0, \bar{g}(X) = 0$ に共通根がある．他方，$\mathbf{F}_p[X]$ において

$$\bar{f}(X)\bar{g}(X) \mid X^m - 1$$

であるが，p は m と互いに素であることから $X^m - 1 = 0$ は $\mathbf{F}_p$ の代数的閉包 $\bar{\mathbf{F}}_p$ において重根を持たない．したがって，$\bar{f}(X) = 0, \bar{g}(X) = 0$ に共通根はなくなり，前記に矛盾する．ゆえに $\Phi_m(X) = f(X)$ となり，$\Phi_m(X)$ は $\mathbf{Q}$ 上既約となる． ∎

注意 2.3.9 $m = p$ が素数のとき，円周等分方程式

$$\Phi_p(X) = X^{p-1} + X^{p-2} + \cdots + 1$$

が $\mathbf{Q}$ 上既約であることを示すことはやさしい．なぜならば，$\Phi_p(X)$ が既約であることと $\Phi_p(X+1)$ が既約であることは同値であるから，

$$\Phi_p(X+1) = \frac{(X+1)^p - 1}{(X+1) - 1} = \frac{(X+1)^p - 1}{X} = \sum_{i=0}^{p-1} \binom{p}{i} X^{p-1-i}$$

が既約であることを示せばよい．これはアイゼンシュタインの既約性判定法を素数 p に対して適用することによって得られる．

系 2.3.10 $Gal(\mathbf{Q}(\zeta_m)/\mathbf{Q}) \cong (\mathbf{Z}/m\mathbf{Z})^*$．

証明 定理 2.3.8 より

$$\mid Gal(\mathbf{Q}(\zeta_m)/\mathbf{Q}) \mid = [\mathbf{Q}(\zeta_m) : \mathbf{Q}] = \varphi(m)$$

である．よって定理 2.3.3 より，$Gal(\mathbf{Q}(\zeta_m)/\mathbf{Q}) \cong (\mathbf{Z}/m\mathbf{Z})^*$ を得る． ∎

定義 2.3.11 $\mathbf{Q}(\zeta_m)$ を円の m 分体という．ある $\mathbf{Q}(\zeta_m)$ の部分体を円分体 (cyclotomic field) という．

注意 2.3.12　系 2.3.10 から，K を円分体とすれば $K/\mathbf{Q}$ はアーベル拡大である．逆に，$\mathbf{Q}$ 上の任意のアーベル拡大は円分体であることが知られている（クロネッカーの定理）．

2.4　トレースとノルム

E/F を n 次分離拡大とし，E' を E を含む F のガロア拡大とする．$E \to E'$ なる中への F 上の同型写像全体を $\{\sigma_1, \cdots, \sigma_n\}$ とする．

定義 2.4.1　$E \ni \alpha$ の**トレース** (trace) を
$$\mathrm{Tr}_{E/F}\alpha = \alpha^{\sigma_1} + \cdots + \alpha^{\sigma_n},$$
α の**ノルム** (norm) を
$$\mathrm{N}_{E/F}\alpha = \alpha^{\sigma_1} \cdots \alpha^{\sigma_n}$$
と定義する．状況が明らかなときは，簡単のため，トレースを Tr，ノルムを N と書く．

$$f_\alpha(X) = (X - \alpha^{\sigma_1}) \cdots (X - \alpha^{\sigma_n}) \text{ とおけば，} \tau \in Gal(E'/F) \text{ に対し}$$
$$\{\tau\sigma_1, \cdots \tau\sigma_n\} = \{\sigma_1, \cdots, \sigma_n\}$$
であるから，$f_\alpha^\tau(X) = f_\alpha(X)$ を得る．よって，$f_\alpha(X) \in F[X]$ となる．したがって，次の補題を得る．

補題 2.4.2　$\mathrm{Tr}_{E/F}\alpha, \mathrm{N}_{E/F}\alpha \in F$．

命題 2.4.3　体の n 次分離拡大 E/F のトレース，ノルムは次のような性質を持つ．$\alpha, \beta \in E$ に対し
  (i) $\mathrm{Tr}(\alpha + \beta) = \mathrm{Tr}(\alpha) + \mathrm{Tr}(\beta)$
  (ii) $\mathrm{N}(\alpha\beta) = \mathrm{N}(\alpha)\mathrm{N}(\beta)$
  (iii) 体の拡大 E/F の中間体 K に対し
  $$\mathrm{Tr}_{E/F}\alpha = \mathrm{Tr}_{K/F}(\mathrm{Tr}_{E/K}\alpha),\ \mathrm{N}_{E/F}\alpha = \mathrm{N}_{K/F}(\mathrm{N}_{E/K}\alpha).$$

補題 2.4.4（アルティン）　K を体，S を半群（1 はなくてもよい）とする．$\chi_1, \cdots, \chi_m$ を $S \to K^*$ なる相異なる準同型写像とする．$\alpha_i \in K$ $(i = 1, \cdots, m)$ が存在して

$$(*) \quad \alpha_1 \chi_1(s) + \cdots + \alpha_m \chi_m(s) = 0 \quad (\forall s \in S)$$

となるならば，

$$\alpha_1 = \cdots = \alpha_m = 0$$

である．

証明　$(\alpha_1, \cdots, \alpha_m) \neq (0, \cdots, 0)$ で $(*)$ を満たすものが存在するとする．$\alpha_i = 0$ であるものは除いてよいから，$\alpha_1, \cdots, \alpha_m$ はすべて 0 ではないとして一般性を失わない．そのようなもので m が最小のものをとる．

$m = 1$ なら $\chi(s) \neq 0$，$\alpha_1 \neq 0$ より $\alpha_1 \chi_1(s) \neq 0$ となり仮定に反する．ゆえに $m \geq 2$ である．任意の $t \in S$ をとり，$(*)$ において s のかわりに st を代入すれば

$$(**) \quad \alpha_1 \chi(s)\chi_1(t) + \cdots + \alpha_m \chi_m(s)\chi_m(t) = 0 \quad (\forall s \in S)$$

が成り立つ．$(**) - (*) \times \chi_m(t)$ を計算すれば，任意の $s \in S$ に対し

$$\alpha_1(\chi_1(t) - \chi_m(t))\chi_1(s) + \cdots + \alpha_{m-1}(\chi_{m-1}(t) - \chi_m(t))\chi_{m-1}(s) = 0$$

となる．$\chi_1 \neq \chi_m$ より，適当な $t \in S$ をとれば $\chi_1(t) \neq \chi_m(t)$ となる．この t を用いて $(\chi_i(t) - \chi_m(t))\alpha_i = \beta_i$ とおけば，任意の $s \in S$ に対し

$$\beta_1 \chi_1(s) + \cdots + \beta_{m-1} \chi_{m-1}(s) = 0$$

かつ $\beta_1 \neq 0$ となるが，これは m が最小という仮定に反する．∎

系 2.4.5（デデキントの補題）　L, L' を体，$\sigma_1, \cdots, \sigma_m$ を $L \to L'$ なる相異なる中への同型写像とする．このとき，任意の $\alpha \in L$ に対し

$$\alpha^{\sigma_1} \beta_1 + \cdots + \alpha^{\sigma_m} \beta_m = 0$$

が成り立つならば，$\beta_1 = \beta_2 = \cdots = \beta_m = 0$ となる．

証明 $\chi_i(\alpha) = \alpha^{\sigma_i}$ $(i = 1, \cdots, m)$ を $\chi_i : L^* \to L'^*$ なる準同型写像として補題 2.4.4 を使えばよい. ∎

命題 2.4.6 E/F を有限次拡大とするとき,
$$T(\alpha, \beta) = \operatorname{Tr}_{E/F}(\alpha\beta) \quad (\alpha, \beta \in E)$$
とすれば T は非退化な対称双線形形式 $E \times E \to F$ を与える.

証明 非退化であること以外は定義から明らか. $[E : F] = n$ とし, $E \ni \beta \neq 0$ をとる. $\bar{E}$ を E の代数的閉包とする. $\sigma_1, \cdots, \sigma_n$ を F 上の E から $\bar{E}$ の中への同型写像とする. $\beta_1 = \beta^{\sigma_1}, \cdots, \beta_n = \beta^{\sigma_n}$ とおく. $\alpha \in E$ に対し
$$\operatorname{Tr}(\alpha\beta) = \alpha^{\sigma_1}\beta_1 + \cdots + \alpha^{\sigma_n}\beta_n$$
であるから, デデキントの補題より, $\alpha \in E$ で $\operatorname{Tr}(\alpha\beta) \neq 0$ となるものが存在する. したがって, 非退化である. ∎

系 2.4.7 E/F を有限次分離拡大とすれば, $\alpha \in E$ で $\operatorname{Tr}_{E/F}(\alpha) \neq 0$ となるものが存在する. とくに, $\operatorname{Tr}_{E/F} : E \to F$ は F 上の全射準同型写像である.

証明 命題 2.4.6 において $\beta = 1$ とおけばよい. 後半は $\operatorname{Tr}_{E/F}$ が 0 写像ではなく, $\dim_F F = 1$ であることからしたがう. ∎

注意 2.4.8 ノルムは, 有限次分離拡大の場合にも全射であるとは限らない. たとえば,
$$\operatorname{N}_{\mathbf{C}/\mathbf{R}}(\mathbf{C}) = \mathbf{R}_{>0} \cup \{0\} \neq \mathbf{R}$$
である. ここに, $\mathbf{R}_{>0}$ は正の実数全体のなす乗法群である.

2.5 有限体

本節では, 有限個の元からなる体, すなわち, 有限体の構造を調べよう. K を有限体とする. このとき, 素数 p が存在して, $K \supset \mathbf{F}_p$ となることはすでに学んだ. ここに, $\mathbf{F}_p \cong \mathbf{Z}/p\mathbf{Z}$ であり, $\mathbf{F}_p$ は K の中では 1 で生成される部

分体である．$[K : \mathbf{F}_p] = n$ とすれば，K の $\mathbf{F}_p$ 上の基底

$$e_1, \cdots, e_n$$

が存在して，K の元は一意的に

$$a_1 e_1 + \cdots + a_n e_n \quad (a_i \in \mathbf{F}_p, i = 1, \cdots, n)$$

と書ける．$a_1, \cdots, a_n$ は $\mathbf{F}_p$ の任意の元をとり得るから，K は p^n 個の元からなることがわかる．$q = p^n$ とおく．$K^* = K \setminus \{0\}$ は乗法に関してアーベル群をなし，その位数は $q-1$ である．よって，任意の元 $x \in K^*$ に対し $x^{q-1} = 1$ となる．また，$\mathbf{F}_p$ の代数的閉包を $\bar{\mathbf{F}}_p$ とすれば，

$$\bar{\mathbf{F}}_p \supset K \supset \mathbf{F}_p$$

となる．

$f(X) = X^{q-1} - 1$ とおけば，導関数は

$$f'(X) = (q-1)X^{q-2} = -X^{q-2}$$

だから，$f'(X) = 0$ なら $X = 0$ となる．このとき，$f(0) = -1 \neq 0$ だから，$f(X) = 0$ は重根を持たない．他方，

$$\{a \in \bar{\mathbf{F}}_p \mid a^{q-1} = 1\} \supset K^*$$

であり，左辺，右辺は共に $q-1$ 個の元を含むから

$$K^* = \{a \in \bar{\mathbf{F}}_p \mid a^{q-1} = 1\},$$

すなわち，K^* は 1 の $q-1$ 乗根全体からなることがわかる．以上の考察から次の定理を得る．

定理 2.5.1 次が成り立つ．
(1) $q = p^n$ ($n \in \mathbf{Z}, n > 0$) に対し，元数 q の有限体はただ 1 つ存在する．
(2) $\mathbf{F}_q$ は $X^q - X$ の分解体で，$\mathbf{F}_q^*$ は位数 $q-1$ の巡回群である．
(3) $\mathbf{F}_q^*$ の巡回群としての生成元を x とすれば $\mathbf{F}_q^* = <x>$ である．また，$\mathbf{F}_q = \mathbf{F}_p(x)$ となり，拡大 $\mathbf{F}_q/\mathbf{F}_p$ は単純拡大である．

証明 $\mathbf{F}_q = \{a \in \bar{\mathbf{F}}_p \mid a^{p^n-1} = 1\} \cup \{0\}$ であることはすでにみた. (1) はこの事実からしたがう. (2) は (1) と補題 2.3.2(i) の原始 $q-1$ 乗根の存在からしたがう. (3) は (2) から明らか. ∎

定義 2.5.2 上記の記号の下に, 位数 q の有限体を $\mathbf{F}_q$ と書く.

定理 2.5.3 次が成り立つ.
(1) 任意の自然数 n に対し, $\mathbf{F}_q$ の n 次拡大はただ 1 つ存在し, それは $\mathbf{F}_{q^n}$ で与えられる.
(2) $\alpha \mapsto \alpha^q$ $(\alpha \in \mathbf{F}_{q^n})$ で与えられる $\mathbf{F}_{q^n}$ の自己同型写像を σ とすれば, $\mathbf{F}_{q^n}/\mathbf{F}_q$ は巡回拡大で, そのガロア群は

$$Gal(\mathbf{F}_{q^n}/\mathbf{F}_q) \cong\ <\sigma>$$
$$\cong\ \mathbf{Z}/n\mathbf{Z}$$

となる.

証明 (1) 定理 2.5.1(1) からしたがう.
(2)
$$\alpha \in \mathbf{F}_q \Leftrightarrow \alpha^q = \alpha$$

であることはすでにみた. よって, σ は $\mathbf{F}_q$ 上の同型写像である.

$\mathbf{F}_{q^k}$
$|$
$\mathbf{F}_{q^n}$
$|$
$\mathbf{F}_q$

$\sigma^k = 1 \Leftrightarrow \beta^{q^k} = \beta$ $(\forall \beta \in \mathbf{F}_{q^n})$
$\Leftrightarrow \mathbf{F}_{q^k} \supset \mathbf{F}_{q^n}$
$\Leftrightarrow n \mid k$

よって, $\langle \sigma \rangle$ は位数 n の巡回群で, $Gal(\mathbf{F}_{q^n}/\mathbf{F}_q) \supset \langle \sigma \rangle$ となる. また, $|Gal(\mathbf{F}_{q^n}/\mathbf{F}_q)| = [\mathbf{F}_{q^n} : \mathbf{F}_q] = n$ だから $Gal(\mathbf{F}_{q^n}/\mathbf{F}_q) = \langle \sigma \rangle$ を得る. ∎

注意 2.5.4 $\mathbf{F}_{p^n}$ は p^n 個の元からなるが, $n \geq 2$ なら $\mathbf{Z}/p^n\mathbf{Z}$ とは異なることに注意せよ. 実際, このとき, $\mathbf{F}_{p^n}$ の 0 以外の元は可逆元であるが, p は $\mathbf{Z}/p^n\mathbf{Z}$ の 0 ではないべき零元であり, 可逆元にはなり得ない.

ここで, 体の拡大 $\mathbf{F}_{q^n}/\mathbf{F}_q$ のトレースとノルムを調べておこう. トレースは定義にもどれば,

$$\mathrm{Tr} = \mathrm{Tr}_{\mathbf{F}_{q^n}/\mathbf{F}_q} : \quad \mathbf{F}_{q^n} \longrightarrow \mathbf{F}_q$$
$$\xi \mapsto \mathrm{Tr}(\xi)$$
$$\mathrm{Tr}(\xi) = \xi + \xi^q + \xi^{q^2} + \cdots + \xi^{q^{n-1}}$$

であり,ノルムは定義にもどれば

$$\mathrm{N} = \mathrm{N}_{\mathbf{F}_{q^n}/\mathbf{F}_q} : \quad \mathbf{F}_{q^n}^* \longrightarrow \mathbf{F}_q^*$$
$$\xi \mapsto \mathrm{N}(\xi)$$
$$\mathrm{N}(\xi) = \mathrm{N}_{\mathbf{F}_{q^n}/\mathbf{F}_q}(\xi) = \xi \xi^q \xi^{q^2} \cdots \xi^{q^{n-1}}$$

である.

命題 2.5.5 体の拡大 $\mathbf{F}_{q^n}/\mathbf{F}_q$ のトレース Tr は,$\mathbf{F}_q$ 上の全射線形写像である.

証明 $\mathbf{F}_q$ 上の線形写像であることは自明.値域が 1 次元であるから,全射であることを示すためには Tr が恒等的に 0 ではないことを示せば十分である.このことは,トレースの一般論としてすでに示したが,ここでは有限体の場合に,簡単な証明を与えておこう.もし,Tr が恒等的に 0 であるとすれば,$\mathbf{F}_{q^n}^*$ の任意の元は 1 つの q^{n-1} 次多項式 $X + X^q + \cdots + X^{q^{n-1}} = 0$ の根になるが,この方程式の根はたかだか q^{n-1} 個しかない.これは $|\mathbf{F}_{q^n}| = q^n$ に反する.ゆえに,Tr は恒等的に 0 ではなく,したがって全射になる. ∎

注意 2.5.6 体の拡大 $\mathbf{F}_{q^n}/\mathbf{F}_q$ のノルム $\mathrm{N}_{\mathbf{F}_{q^n}/\mathbf{F}_q} : \mathbf{F}_{q^n}^* \to \mathbf{F}_q^*$ は乗法群の全射準同型写像である.このことは第 3 章で証明される.

2.6 巡回クンマー拡大

本節では,べき根を添加して得られる拡大体の構造を調べる.

定理 2.6.1 F を体とし,h を自然数で,標数が $p > 0$ のとき h は p で割り切れないとする.さらに,F が 1 の原始 h 乗根 ζ を含むとする.

(1) 零でない $a \in F$ に対し $X^h - a \in F[X]$ の最小分解体を E とすれば,$X^h - a = 0$ の 1 根 α が存在して $E = F(\alpha)$ となる.また,E/F は巡回拡大で,$[E:F] \mid h$ となる.

(2) E/F が h 次の巡回拡大ならば,適当な $a \in F$ が存在して,E は $X^h - a \in F[X]$ の最小分解体となる.

証明 (1) $f(X) = X^h - a = 0$ の 1 根を α とする.導多項式 $f'(X) = hX^{h-1} = 0$ とすると,$(h, p) = 1$ より $X = 0$ となる.$f(0) = -a \neq 0$ だから,$f(X)$ は分離多項式で,$f(X) = 0$ の根は $\alpha, \alpha\zeta, \cdots, \alpha\zeta^{h-1}$ で与えられる.$\zeta \in F$ より

$$E = F(\alpha, \alpha\zeta, \cdots, \alpha\zeta^{h-1}) = F(\alpha)$$

となるから,E/F は正規拡大である.よって E/F はガロア拡大である.

$G = Gal(E/F)$ とおく.$G \ni \sigma$ に対し α^σ も $X^h - a = 0$ の根であるから,

$$\alpha^\sigma = \alpha\zeta^i, \quad \exists i \in \mathbf{Z}$$

となる.$G \ni \tau$ に対し $\alpha^\tau = \alpha\zeta^j$ とする.このとき,

$$\sigma = \tau \Leftrightarrow \alpha^\sigma = \alpha^\tau \Leftrightarrow \zeta^{i-j} = 1 \Leftrightarrow h \mid (i-j)$$

となるから,$\alpha^\sigma = \alpha\zeta^i$ を用いて

$$\begin{array}{ccc} \varphi : G & \longrightarrow & \mathbf{Z}/h\mathbf{Z} \\ \sigma & \mapsto & i \end{array}$$

なる写像を得るが,φ はすでに示したことから単射準同型写像になる.すなわち

$$G \hookrightarrow \mathbf{Z}/h\mathbf{Z}$$

を得る.ゆえに G は巡回群で,$[E : F] = |G|$ だから $[E : F]$ は h の約数となる.

(2) $G = \langle \sigma \rangle$ とする.デデキントの補題(系 2.4.5)より

$$\alpha = \theta + \zeta^{-1}\theta^\sigma + \cdots + \zeta^{-i}\theta^{\sigma^i} + \cdots + \zeta^{-(h-1)}\theta^{\sigma^{h-1}} \neq 0$$

となる $\theta \in E$ が存在する.このとき

$$\begin{aligned} \alpha^\sigma &= \theta^\sigma + \zeta^{-1}\theta^{\sigma^2} + \cdots + \zeta^{-i}\theta^{\sigma^{i+1}} + \cdots + \zeta^{-(h-1)}\theta^{\sigma^h} \\ &= \alpha\zeta \end{aligned}$$

ゆえに $\alpha^{\sigma^i} = \alpha\zeta^i$. とくに $i = 0, \cdots, h-1$ に対し α^{σ^i} はすべて相異なる. α の F 上の最小多項式を $q(X)$ とすれば,

$$\deg q(X) = [F(\alpha) : F] \leq [E : F] = h$$

となる. また, $q(\alpha) = 0$ より $q(\alpha^{\sigma^i}) = 0$ であるから, $q(X)$ は h 個の相異なる根を持つ. ゆえに $\deg q(X) = h$ かつ $E = F(\alpha)$ となる. また

$$(\alpha^h)^{\sigma^i} = (\alpha^{\sigma^i})^h = (\alpha\zeta^i)^h = \alpha^h$$

だから $\alpha^h \in E^G = F$ となる. $\alpha^h = a \in F$ とおけば α は $X^h - a = 0$ の根であり, 次数を比べれば $q(X) = X^h - a$ となる. ∎

定義 2.6.2 定理 2.6.1(2) の拡大 E/F を h 次巡回クンマー拡大 (cyclic Kummer extension) という.

定義 2.6.3 h を自然数とし, 体 F の標数が $p > 0$ のとき h は p で割り切れないとする. さらに, F は 1 の h 乗根 ζ をすべて含むとし, $F(\theta)/F$ を h 次の巡回クンマー拡大とする. ガロア群 $Gal(F(\theta)/F) = \langle \sigma \rangle$ とするとき,

$$(\zeta, \theta) = \theta + \zeta^{-1}\theta^\sigma + \zeta^{-2}\theta^{\sigma^2} + \cdots + \zeta^{-(h-1)}\theta^{\sigma^{h-1}}$$

とおいて**ラグランジュの分解式**という.

命題 2.6.4 h を自然数とし, 体 F の標数が $p > 0$ のとき h は p で割り切れないとする. さらに, F は 1 の h 乗根 ζ をすべて含むとし, $F(\theta)/F$ を h 次の巡回クンマー拡大で, ガロア群 $Gal(F(\theta)/F) = \langle \sigma \rangle$ とする. このとき, $(\zeta, \theta)^h \in F$ で

$$\theta = \frac{1}{h}\sum_\zeta (\zeta, \theta)$$

となる. ここに和は 1 の h 乗根全体にわたる.

証明 $\sigma \in Gal(F(\theta)/F)$ の作用は

$$\begin{aligned}(\zeta, \theta)^\sigma &= \theta^\sigma + \zeta^{-1}\theta^{\sigma^2} + \cdots + \zeta^{-(h-1)}\theta^{\sigma^h} \\ &= \zeta(\zeta, \theta)\end{aligned}$$

だから，$\zeta^h = 1$ を用いれば

$$((\zeta, \theta)^h)^\sigma = (\zeta, \theta)^h$$

となる．よって $(\zeta, \theta)^h \in F(\theta)^{<\sigma>} = F$ となる．ζ_h を 1 の原始 h 乗根とすると，ζ が 1 の h 乗根全体にわたるならば $\zeta\zeta_h$ も 1 の h 乗根全体にわたる．ゆえに任意の自然数 k に対し

$$\sum_\zeta \zeta^k = \sum_\zeta (\zeta\zeta_h)^k = \left(\sum_\zeta \zeta^k\right)\zeta_h^k$$

となる．$k = 1, \cdots, h-1$ に対して $\zeta_h^k \neq 1$ だから

$$\sum_\zeta \zeta^k = 0 \quad (k = 1, \cdots, h-1)$$

を得る．ゆえに

$$\frac{1}{h}\sum_\zeta (\zeta, \theta) = \frac{1}{h}\sum_\zeta \theta + \frac{1}{h}\sum_\zeta \zeta^{-1}\theta^\sigma + \cdots + \frac{1}{h}\sum_\zeta \zeta^{-(h-1)}\theta^{\sigma^{h-1}}$$
$$= \theta$$

となる． ∎

注意 2.6.5 命題 2.6.4 の仮定の下に，ζ が 1 の原始 h 乗根のとき $F((\zeta, \theta)) = F(\theta)$ となることは容易にみてとれよう．

命題 2.6.6 q を素数とし，体 F の標数が $p > 0$ のときは $q \neq p$ とする．F は 1 の原始 q 乗根を含むとする．このとき，多項式 $X^q - a \ (a \in F)$ は既約であるか 1 次式の積に分解するかのいずれかである．

証明 定理 2.6.1 より，分解体 E/F のガロア群は $\mathbf{Z}/q\mathbf{Z}$ の部分群である．$Gal(E/F) = \mathbf{Z}/q\mathbf{Z}$ ならば $[E : F] = q$ で $X^q - a$ は既約にならざるを得ない．$Gal(E/F) = \{e\}$ ならば $[E : F] = 1$ だから $E = F$ となり $X^q - a$ は 1 次式の積に分解する． ∎

2.7 方程式のべき根による解法

本節では，代数方程式がべき根で解けるための条件を調べる．まず，可解群の復習から始めよう（詳細は『代数学I 群と環』参照）．

G を群とし，その単位元を e と書く．$G \ni x, y$ に対し $[x, y] = xyx^{-1}y^{-1}$ とおき，元 x と元 y の**交換子** (commutator) という．これは，2元の可換性をはかる尺度であり，$[x, y] = e$ となることは，x と y が可換であることと同値である．交換子全体 $\{[x, y] \mid x, y \in G\}$ で生成される G の部分群を $D(G)$ と書き G の**交換子群** (commutator subgroup) という．$D(G)$ は G の正規部分群である．剰余群 $G/D(G)$ はアーベル群である．また，$G \triangleright N$ に対し，G/N がアーベル群になるための必要十分条件は $N \supset D(G)$ となることである．

$$D_1(G) = D(G),\ D_2(G) = D(D_1(G)),\ \cdots, D_i(G) = D(D_{i-1}(G)), \cdots$$

と帰納的に定義すれば，交換子群列

$$G = D_0(G) \supset D_1(G) \supset D_2(G) \supset \cdots$$

を得，$D_i(G) \triangleright D_{i-1}(G)$ となり，剰余群 $D_i(G)/D_{i-1}(G)$ はアーベル群になる．

定義 2.7.1 $D_n(G) = \{e\}$ となるような自然数 n が存在するとき，G を**可解群** (solvable group) という．ガロア拡大 E/F のガロア群 $\mathrm{Gal}(E/F)$ が可解群であるとき，拡大 E/F を**可解拡大** (solvable extension) であるという．

可解群について必要な結果をまとめておく．

(1) 群 G が可解群であるための必要十分条件は

$$G = H_0 \supset H_1 \supset \cdots \supset H_m = e,$$
$$H_i \triangleright H_{i-1}, H_i/H_{i-1} はアーベル群$$

となるアーベル正規列が存在することである．

(2) 群 G が可解群であれば，G の部分群および剰余群も可解群である．

(3) $G \triangleright N$ で $N, G/N$ が可解群ならば G も可解群である．

また，n 次対称群 S_n は $n \leq 4$ のとき可解群であり，$n \geq 5$ のとき非可解群である．このことが n 次代数方程式の根の公式の存在と関係していることが本節で明らかになるであろう．

本節では，以下とくにことわらない限り，F を標数 0 の体とする．多項式 $f(X) \in F[X]$ に対し，その最小分解体を L_f と書く．L_f/F はガロア拡大である．

定義 2.7.2 体の列
$$F = L_0 \subset L_1 \subset \cdots \subset L_r$$
$$(L_i = L_{i-1}(\sqrt[n_i]{\alpha_i}),\ \alpha_i \in L_{i-1},\ n_i \text{は自然数})$$
が存在して $L_f \subset L_r$ となるとき，L_f は F の**べき根拡大**という．また，L_f が F のべき根拡大になるとき，$f(X) = 0$ はべき根によって解けるという．

注意 2.7.3 われわれは $\sqrt[n]{1}$ も許す立場をとる．方程式がべき根で解ければ，既約な多項式 $X^m - \alpha$ に対するべき根 $\sqrt[m]{\alpha}$ だけを考えてもやはりべき根で解けることが示せるが，本書ではこの点には立ち入らない（ファン・デル・ヴェルデン『現代代数学 II』参照）．

補題 2.7.4 F を標数任意の体，E/F をガロア拡大，F'/F を体の拡大とし，F の代数的閉包 $\bar{F}$ における E と F' の合成体を E' とする．このとき，E'/F' もガロア拡大で，そのガロア群は
$$Gal(E'/F') \cong Gal(E/E \cap F')$$
となる．とくに，$[E' : F']$ は $[E : F]$ の約数である．

証明 仮定から分離多項式 $f(X) \in F[X]$ が存在して E は $f(X)$ の F 上の最小分解体になる．$f(X) \in F'[X]$ とみてもこれは分離多項式で E' は $f(X)$ の F' 上の最小分解体である．よって E'/F' はガロア拡大である．E/F はガロア拡大ゆえ，E から $\bar{E} = \bar{F}$ の中への F 上の準同型写像は E の自己同型写像になることに注意する．$G' = Gal(E'/F')$, $H = Gal(E/E \cap F')$ とおく．$\sigma \in G'$ の E への制限 $\sigma|_E$ は $E \cap F'$ の元をうごかさない．

ゆえに

$$\varphi: \quad G' \longrightarrow H$$
$$\sigma \mapsto \sigma|_E$$

を得る．$\sigma|_E = id_E$（id_E は E の恒等写像）ならば，σ は E および F' 上で恒等写像になる．ゆえに σ は E' 上で恒等写像になる．ゆえに φ は単射である．また，$E'^{G'} = F'$ だから

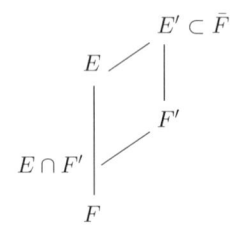

$$\text{Im}\,\varphi \text{ で不変な } E \text{ の元} \quad \Leftrightarrow \quad G' \text{で不変な } E \text{ の元}$$
$$\Leftrightarrow \quad E \cap F' \text{の元}$$

よって，$E^{\text{Im}\varphi} = E \cap F' = E^H$ となる．一方，$\text{Im}\,\varphi \subset H$ より，ガロアの基本定理から $\text{Im}\,\varphi = H$ となる．ゆえに $G' \cong H$ で，$[E' : F'] = [E : E \cap F'] \mid [E : F]$ を得る． ∎

定理 2.7.5 $f(X) = 0$ がべき根によって解けるための必要十分条件は L_f/F が可解拡大であることである．

証明 十分性を示すために，$[L_f : F] = m$ とする．F に 1 の原始 m 乗根を添加した体を L_0 とすれば，補題 2.7.4 より L_fL_0/L_0 は可解拡大で $[L_fL_0 : L_0] \mid m$ となる．交換子群列を細分してつくった組成列

$$\text{Gal}(L_fL_0/L_0) = H_0 \supset H_1 \supset \cdots \supset H_r = \{e\},$$
$$H_i \triangleright H_{i+1}, [H_i : H_{i+1}] = 素数$$

を考え，これに対応する中間体の列を

$$L_0 \subset L_1 \subset \cdots \subset L_r = L_fL_0$$

とする．このとき L_i/L_{i-1} はガロア拡大，$[L_i : L_{i-1}] = p_i$ は素数で $p_i \mid m$ となる．L_0 のつくり方から，L_0 は 1 の原始 p_i 乗根を含む．ゆえに L_{i-1} は 1 の原始 p_i 乗根を含む．$\text{Gal}(L_i/L_{i-1}) \cong \mathbf{Z}/p_i\mathbf{Z}$ だからこの群は巡回群であり，定理 2.6.1 より L_i/L_{i-1} は巡回クンマー拡大で

$$L_i = L_{i-1}(\sqrt[p_i]{\alpha_i}), \quad \exists \alpha_i \in L_{i-1}$$

と書ける．また，$L_0 = F(\sqrt[m]{1})$ だから，$L_f L_0$ の部分体 L_f はべき根拡大となる．

次に必要条件であることを示すために，L_f をべき根拡大とする．このとき，体の列
$$F = L_0 \subset L_1 \subset \cdots \subset L_r$$
$$(L_i = L_{i-1}(\sqrt[n_i]{\alpha_i}),\ \alpha_i \in L_{i-1},\ n_i は自然数)$$
が存在して $L_f \subset L_r$ となる．$n_1 n_2 \cdots n_r = m$ とおき，F に 1 の原始 m 乗根を添加した体を F' とする．$L_1' = L_1 F' = F'(\sqrt[n_1]{\alpha_1})$ とおく．F' は 1 の原始 n_1 乗根を含むから L_1' は $X^{n_1} - \alpha_1$ の F' 上の最小分解体である．定理 2.6.1 (1) より L_1'/F' は巡回拡大である．

L_2/F はガロア拡大ではないから α_2 の F 上の共役，すなわち L_2 から F の代数的閉包 $\bar{F}$ の中への F 上の同型写像による α_2 の像の全体を $\alpha_2, \alpha_2', \cdots$（有限個）とし
$$L_2' = L_1'(\sqrt[n_2]{\alpha_2}, \sqrt[n_2]{\alpha_2'}, \cdots)$$

```
                            L_r
                             |
                             ⋮
                             |
                             |        L_2'
                             |       /  |
       L_1(ⁿ²√α_2) = L_2 ────   |
                             |        L_1'
                             |       /  |
       F(ⁿ¹√α_1) = L_1 ──────   |
                             |         F'
                             |       /
                             F
```

とおく．L_2' は F 上の多項式
$$(X^m - 1)(X^{n_2} - \alpha_2)(X^{n_2} - \alpha_2') \cdots \in F[X]$$
の最小分解体だから L_2'/F はガロア拡大である．体の列
$$L_1' \subset L_1'(\sqrt[n_2]{\alpha_2}) \subset L_1'(\sqrt[n_2]{\alpha_2}, \sqrt[n_2]{\alpha_2'}) \subset \cdots \subset L_2'$$
の各ステップは定理 2.6.1 より巡回拡大である．この操作を繰り返せば
$$F \subset F' \subset L_1' \subset L_1'(\sqrt[n_2]{\alpha_2}) \subset L_1'(\sqrt[n_2]{\alpha_2}, \sqrt[n_2]{\alpha_2'}) \subset \cdots \subset L_2'$$
$$\subset L_2'(\sqrt[n_3]{\alpha_3}) \subset L_2'(\sqrt[n_3]{\alpha_3}, \sqrt[n_3]{\alpha_3'}) \subset \cdots \subset L_r'$$
を得る．ここに L_r'/F はガロア拡大で各ステップは巡回拡大となり，$L_f \subset L_r'$ となる．これに対応して
$$H_0 = Gal(L_r'/F) \supset H_1 \supset \cdots \supset \{e\}$$
なる列を得るが，体の各ステップがガロア拡大であるから，群の各ステップ

は正規部分群となり，構成法からアーベル正規列を得る．よって，$Gal(L'_r/F)$ は可解群である．L_f/F はガロア拡大であるから，ガロア群 $Gal(L_f/F)$ は $Gal(L'_r/F)$ の商群である．したがって，$Gal(L_f/F)$ も可解群である． ■

$s_1, \cdots, s_n$ を変数とするとき，$K = F(s_1, \cdots, s_n)$ に係数を持つ一般 n 次方程式 $f(X) = X^n - s_1 X^{n-1} + \cdots + (-1)^n s_n = 0$ のガロア群は，すでに示したように

$$Gal(L_f/K) \cong S_n$$

で与えられる．このことから次を得る．

系 2.7.6 一般 n 次方程式がべき根によって解けるための必要十分条件は $n \leq 4$ である．

証明 n 次対称群 S_n は $n \leq 4$ のとき可解群で，$n \geq 5$ のとき非可解群である．したがって，定理 2.7.5 から結果がしたがう． ■

この系から，5 次以上の一般代数方程式には，係数を用いた四則演算とべき根だけによる 2 次方程式のときのような根の公式は存在しないことがわかる．

2.8　2 次方程式，3 次方程式，4 次方程式

本節では，4 次以下の代数方程式の根の公式をガロア理論を用いて計算する．以下，体の標数を 0 とする．$s_1, \cdots, s_n$ を不定元とし，体 F 上の一般 n 次方程式

$$X^n - s_1 X^{n-1} + s_2 X^{n-2} - \cdots + (-1)^n s_n = 0$$

を考え，その根を $t_1, \cdots, t_n$ とする．根の差積

$$\Delta = \prod_{i<k}(t_i - t_k)$$

とおく．これは n 次交代群 A_n で不変であるが，n 次対称群 S_n では不変でない．$\Delta^2 = D$ を $f(X)$ の**判別式** (discriminant) という．判別式は S_n で不変であり，したがって $D \in F(s_1, \cdots, s_n)$ となる．

$$
\begin{array}{ccc}
F(t_1,\cdots,t_n) & \longleftrightarrow & \{e\} \\
| & & | \\
F(s_1,\cdots,s_n,\Delta) & \longleftrightarrow & A_n \\
2\,\text{次拡大}\ | & & | \\
F(s_1,\cdots,s_n) & \longleftrightarrow & S_n
\end{array}
$$

(1) 2 次方程式

2 次方程式
$$X^2 + pX + q = 0$$
を考える．2 根 t_1, t_2 は
$$\begin{cases} t_1 + t_2 = -p \\ t_1 t_2 = q \end{cases}$$
を満たし，根の差積は
$$\Delta = t_1 - t_2 = \sqrt{(t_1+t_2)^2 - 4t_1 t_2} = \sqrt{D}$$
だから，よく知られているように判別式は
$$D = p^2 - 4q$$
となる．連立方程式
$$\begin{cases} \Delta = t_1 - t_2 = \sqrt{D} \\ t_1 + t_2 = -p \end{cases}$$
を解いて，2 次方程式の根の公式
$$t_1 = \frac{-p + \sqrt{D}}{2}, \quad t_2 = \frac{-p - \sqrt{D}}{2}$$
を得る．

(2) 3 次方程式

3 次方程式
$$Z^3 + a_1 Z^2 + a_2 Z + a_3 = 0$$
を考える．変数変換

を行えば，この3次方程式は

$$Z = X - \frac{1}{3}a_1$$

$$X^3 + pX + q = 0$$

の形となり，係数 p, q は a_1, a_2, a_3 の多項式になる．この3次方程式の3根を t_1, t_2, t_3 とする．すでに述べたように

$$Gal(F(t_1, t_2, t_3)/F(p, q)) \cong S_3$$

であるから，部分群の列

$$S_3 \supset A_3 \supset \{e\}$$

に対応する体の拡大を考える．根の差積と判別式は，根と係数の関係を用いて

$$\begin{aligned}
\Delta &= (t_1 - t_2)(t_1 - t_3)(t_2 - t_3) = \sqrt{D}, \\
D &= \{(t_1 - t_2)(t_1 - t_3)(t_2 - t_3)\}^2 \\
&= -4p^3 - 27q^2
\end{aligned}$$

となる．ω を1の原始3乗根とすれば，$F(\omega, t_1, t_2, t_3)/F(\omega, p, q, \Delta)$ は3次の巡回クンマー拡大となる．状況を図示すれば

$$\begin{array}{ccccc}
 & \{e\} & F(t_1, t_2, t_3) & \subset & F(\omega, t_1, t_2, t_3) \\
 & | & | & & | \\
\mathbf{Z}/3\mathbf{Z} \cong & A_3 & F(p, q, \Delta) & \subset & F(\omega, p, q, \Delta) \\
 & | & | & & \\
 & S_3 & F(p, q) & &
\end{array}$$

A_3 の生成元 $\sigma = (1, 2, 3)$ は根の置換

$$\sigma : (t_1, t_2, t_3) \mapsto (t_2, t_3, t_1)$$

を引き起こす．よって，ラグランジュの分解式は

$$(*) \quad \begin{cases}
(1, t_1) = t_1 + 1^{-1}t_1^\sigma + 1^{-2}t_1^{\sigma^2} = t_1 + t_2 + t_3 = 0 \\
(\omega, t_1) = t_1 + \omega^{-1}t_2 + \omega^{-2}t_3 \\
(\omega^2, t_1) = t_1 + \omega^{-2}t_2 + \omega^{-1}t_3
\end{cases}$$

で与えられる．これらの 3 乗は一般論から $F(\omega, p, q, \sqrt{D}) = F(\sqrt{-3}, p, q, \sqrt{D})$ の元になる．根と係数の関係を用いて具体的に計算すれば，

$$(\omega, t_1)^3 = -\frac{27}{2}q - \frac{3}{2}\sqrt{-3}\sqrt{D},$$

$$(\omega^2, t_1)^3 = -\frac{27}{2}q + \frac{3}{2}\sqrt{-3}\sqrt{D}$$

ただし，根と係数の関係より $(\omega, t_1)(\omega^2, t_1) = -3p$ となるから，それらの 3 乗根は互いに独立ではないことに注意する．ゆえに，

$$(\omega, t_1) = \sqrt[3]{-\frac{27}{2}q - \frac{3}{2}\sqrt{-3}\sqrt{D}},$$

$$(\omega^2, t_1) = \sqrt[3]{-\frac{27}{2}q + \frac{3}{2}\sqrt{-3}\sqrt{D}}$$

で，3 乗根は $(\omega, t_1)(\omega^2, t_1) = -3p$ が成り立つように選ぶ．よって，命題 2.6.4 と (∗) から 3 次方程式の根として

$$t_1 = \frac{1}{3}\sum_{\zeta, \zeta^3 = 1}(\zeta, t_1) = \frac{1}{3}\{(\omega, t_1) + (\omega^2, t_1)\},$$

$$t_2 = \frac{1}{3}\sum_{\zeta, \zeta^3 = 1}\zeta^{-1}(\zeta_1 t_1) = \frac{1}{3}\{\omega(\omega, t_1) + \omega^2(\omega^2, t_1)\},$$

$$t_3 = \frac{1}{3}\sum_{\zeta, \zeta^3 = 1}\zeta^{-2}(\zeta_1 t_1) = \frac{1}{3}\{\omega^2(\omega, t_1) + \omega(\omega^2, t_1)\}$$

を得る．これを**カルダノの公式**という．p, q は a_1, a_2, a_3 によって表示されるから，この式がもとの方程式の根の公式を与えている．

(3) 4 次方程式

4 次方程式

$$Z^4 + a_1 Z^3 + a_2 Z^2 + a_3 Z + a_4 = 0$$

を考える．変数変換

$$Z = x - \frac{1}{4}a_1$$

を行えば，この 4 次方程式は

$$X^4 + pX^2 + qX + r = 0$$

の形に変換され，係数 p, q, r は a_1, a_2, a_3, a_4 の多項式になる．この 4 次方程式の 4 根を t_1, t_2, t_3, t_4 とする．すでに述べたように

$$Gal(F(t_1, t_2, t_3, t_4)/F(p, q, r)) \cong S_4$$

である．部分群の列

$$S_4 \supset A_4 \supset V_4 \supset Z_2 \supset \{e\}$$

を考える．ただし，

$$V_4 = \{(12)(34), (13)(24), (14)(23), e\},$$
$$Z_2 = \{(12)(34), e\}$$

である．以下，この部分群の列に対応する体の拡大を求めよう．

$$\theta_1 = (t_1 + t_2)(t_3 + t_4),$$
$$\theta_2 = (t_1 + t_3)(t_2 + t_4),$$
$$\theta_3 = (t_1 + t_4)(t_2 + t_3)$$

とおく．$\theta_1, \theta_2, \theta_3$ の 3 元を不変にするような S_4 の元全体が V_4 になることが直接計算することによってわかる．体の拡大と対応する部分群の関係は次の通りである．

$$
\begin{array}{ll}
F(t_1, t_2, t_3, t_4) & \{e\} \\
| & | \\
F(p, q, r, \theta_1, \theta_2, \theta_3, t_1 + t_2) & Z_2 \\
| & | \\
F(p, q, r, \theta_1, \theta_2, \theta_3) & V_4 \\
| & | \\
F(p, q, r, \Delta) & A_4 \\
| & | \\
F(p, q, r) & S_4
\end{array}
$$

b_1, b_2, b_3 を次のように定義し，根と係数の関係を用いて計算すれば，

$$b_1 = \theta_1 + \theta_2 + \theta_3 = 2p,$$
$$b_2 = \theta_1\theta_2 + \theta_2\theta_3 + \theta_1\theta_3 = p^2 - 4r,$$
$$b_3 = \theta_1\theta_2\theta_3 = -q^2$$

となる．よって，$\theta_1, \theta_2, \theta_3$ は 3 次方程式

$$\theta^3 - 2p\theta^2 + (p^2 - 4r)\theta + q^2 = 0$$

の 3 根となる．この 3 次方程式をもとの 4 次方程式の**分解 3 次方程式**という．よって，$\theta_1, \theta_2, \theta_3$ はカルダノの公式より p, q, r からべき根で解くことができる．

$$(t_1 + t_2)(t_3 + t_4) = \theta_1, \ (t_1 + t_2) + (t_3 + t_4) = 0$$

であるから，根と係数の関係より，$t_1 + t_2, \ t_3 + t_4$ は 2 次方程式 $X^2 + \theta_1 = 0$ の根である．このとき，

$$t_1 + t_2 = \sqrt{-\theta_1}, \ t_3 + t_4 = -\sqrt{-\theta_1}$$

として一般性を失わない．同様にして

$$t_1 + t_3 = \sqrt{-\theta_2}, \ t_2 + t_4 = -\sqrt{-\theta_2},$$
$$t_1 + t_4 = \sqrt{-\theta_3}, \ t_2 + t_3 = -\sqrt{-\theta_3}$$

を得る．ただし，平方根のとり方は独立ではなく，

$$\sqrt{-\theta_1}\sqrt{-\theta_2}\sqrt{-\theta_3} = (t_1 + t_2)(t_1 + t_3)(t_1 + t_4) = -q$$

を満たすように符号を選ばなければならない．前方の 3 式を加えて $t_1 + t_2 + t_3 + t_4 = 0$ を用いれば

$$t_1 = \frac{1}{2}\{\sqrt{-\theta_1} + \sqrt{-\theta_2} + \sqrt{-\theta_3}\}$$

を得る．同様にして，

$$t_2 = \frac{1}{2}\{\sqrt{-\theta_1} - \sqrt{-\theta_2} - \sqrt{-\theta_3}\},$$

$$t_3 = \frac{1}{2}\{-\sqrt{-\theta_1} + \sqrt{-\theta_2} - \sqrt{-\theta_3}\},$$

$$t_4 = \frac{1}{2}\{-\sqrt{-\theta_1} - \sqrt{-\theta_2} + \sqrt{-\theta_3}\}$$

となる．この根の公式を**フェラリの公式**という．

注意 2.8.1 $\sqrt{-\theta_1}, \sqrt{-\theta_2}$ は符号のとり方 4 通りを尽くしてとり得る．そのときの $\sqrt{-\theta_3}$ の符号のとり方が $\sqrt{-\theta_1}\sqrt{-\theta_2}\sqrt{-\theta_3} = -q$ によって制限される．また，フェラリの公式を計算するときには，4 次の多項式の判別式 $D = \Delta^2$ を計算する必要はないことが以上の計算でわかる．

2.9 定規とコンパスによる作図

定規とコンパスだけで平面上に作図できる図形はどのようなものであろうか．ただし，ここでいう定規には目盛りがついておらず，直線を引く機能だけを有し，コンパスは円を描く機能だけを有するとする．状況を正確に記述するために，平面 $\mathbf{R}^2$ に座標を入れる．n 点 $(n \geq 2)$（規格化された 2 点 $(0,0)$，$(1,0)$ と他の $n-2$ 点）

$$S = \{(0,0), (1,0), P_3, \cdots, P_n\} \quad P_i = (\alpha_i, \beta_i) \quad (i = 3, \cdots, n)$$

が与えられているとする．このとき，定規とコンパスでできることは

(1) S の 2 点をとり，その 2 点を通る直線を引くこと．
(2) S の中の 1 点を中心に他の 1 点を通る円を描くこと．

の 2 種類である．この操作で得られる

$$\text{2 つの直線の交点，円と直線の交点，円と円の交点}$$

を次々に S につけ加えていく．このようにしてできる集合に含まれる点が与えられた S から作図可能な点である．また，「元 $\alpha \in \mathbf{R}$ が作図可能」とは，x 軸上の点として α が定規とコンパスで作図できることであり，「点 (α, β) が作図可能」とは，α, β が x 軸上に作図可能なことであり，「元 $\alpha + \beta i \in \mathbf{C}$ が作図可能」とは，$\mathbf{R}^2 = \mathbf{C}$ とみて α, β が実軸上に作図可能なことである．

$\mathbf{Q}$ に座標の成分を添加した体 F

$$F = \mathbf{Q}(\alpha_3, \cdots, \alpha_n, \beta_3, \cdots, \beta_n)$$

を考える．

命題 2.9.1 $F = \mathbf{Q}(\alpha_3, \cdots, \alpha_n, \beta_3, \cdots, \beta_n)$ の元は作図可能である．

証明 α, β が作図可能であるとし，n を自然数とする．このとき

$$n\alpha, \frac{1}{n}\alpha, \alpha + \beta, \alpha\beta, -\alpha, \frac{1}{\alpha} \ (\alpha \neq 0)$$

が作図できればよい．$\alpha\beta, 1/\alpha$ 以外は明らかに作図できる．

積 $\alpha\beta$ が作図できることを示すには，絶対値をとって $|\alpha\beta|$ が作図できることを示せばよい．$|\alpha\beta|$ の作図は次の通りである．

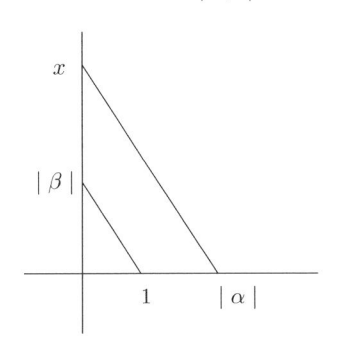

左図において，2本の斜線は平行である．相似を考えれば

$$1:|\alpha|=|\beta|:x$$

となる．ゆえに $x=|\alpha\beta|$ となり，積 $|\alpha\beta|$ が作図できる．

積 $1/\alpha$ が作図できることを示すにも，絶対値をとって $1/|\alpha|$ が作図できることを示せばよい．$1/|\alpha|$ の作図は次の通りである．

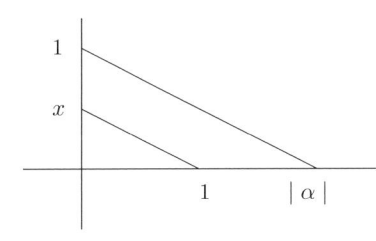

左図において，2本の斜線は平行である．相似を考えれば

$$1:x=|\alpha|:1$$

となる．ゆえに $x=1/|\alpha|$ となり，$1/|\alpha|$ の作図が可能であることがわかる．

したがって F の元はすべて作図可能である． ∎

命題 2.9.2 $\mathbf{Q}(\alpha_3+i\beta_3, \alpha_4+i\beta_4, \cdots, \alpha_n+i\beta_n)$ の元は作図可能である．

証明 n を自然数として $\alpha, \beta \in \mathbf{Q}(\alpha_3+i\beta_3, \cdots, \alpha_n+i\beta_n)$ に対し

$$n\alpha, \frac{1}{n}\alpha, \alpha+\beta, \alpha\beta, -\alpha, \frac{1}{\alpha} \ (\alpha \neq 0)$$

の実部，虚部が作図可能であることを示せばよいが，各々の実部，虚部は F にはいっているから命題 2.9.1 より作図可能であることがわかる． ∎

補題 2.9.3 c が実数で作図可能なとき，2次方程式 $X^2=c$ の根も作図可能である．

証明 $c<0$ なら，$X^2=|c|$ の根の作図を行い，それを虚軸に回転させればよいから，$c>0$ のときに作図できることを示せば十分である．直径 $1+c$ の半円を描き，その直径を $c:1$ に内分した点を P とする．P から直径に垂線を立て，円弧と交わる点を Q とする．$PQ=x$ とおく．相似を考えれば，$1:x=x:c$ であるから，$x^2=c$ となる．ゆえに $\sqrt{c}$ は作図できる． ∎

補題 2.9.4 複素数 c が作図可能なとき，2次方程式 $X^2=c$ の根も作図可能である．

証明 極形式 $c=r(\cos\theta+i\sin\theta)$ を考える．このとき，$\sqrt{r},\theta/2$ が作図できればよい．角の2等分の作図はよく知られており，与えられた実数の平方根が作図できることは補題 2.9.3 で示した通りである． ∎

命題 2.9.5 $a,b\in\mathbf{C}$ が作図されているとき，2次方程式 $x^2+ax+b=0$ の根も作図可能である．

証明 $x^2+ax+b=0=(x+a/2)^2+(b-4a^2)/4$ であり，$(b-4a^2)/4=c$ は作図可能である．よって先の補題より $x+a/2$ は作図可能である．$a/2$ も作図可能であるから，根 x も作図可能である． ∎

定理 2.9.6 $\alpha\in\mathbf{R}$ に対し次は同値である．
  (i) α が $0,1,\alpha_3,\cdots,\alpha_n,\beta_3,\cdots,\beta_n$ から作図可能である．
  (ii) α は $F=\mathbf{Q}(\alpha_3,\cdots,\alpha_n,\beta_3,\cdots,\beta_n)$ 上代数的で，0 以上の整数 m が存在して α を含む最小の正規拡大が F 上 2^m 次拡大である．

証明 (i) $\Rightarrow$ (ii)：α が作図可能なら，F を次々と2次拡大することによって得られるある体 E があって $E\ni\alpha$ とできる．2次拡大をする各段階で，添加する2次の元の F 上の共役をすべて添加する．こうすれば，2次拡大の積み重ねとしてできた拡大 E/F はガロア拡大で $[E:F]$ は2べきとなる．正規拡大の共通部分は正規拡大であるから，α を含む最小の正規拡大 L/F で $E\supset L\supset F$ となるものがあるが，構成の仕方から $[L:F]$ は2べきとなる．
  (ii) $\Rightarrow$ (i)：L/F を $L\ni\alpha$ となる最小の正規拡大で $[L:F]$ が2べきであるとする．p 群が可解群になることを用いれば，対応するガロア群 G の位数

$|G|$ は 2 べきであるから G は可解群である．G のアーベル正規列で

$$G \supset H_1 \supset H_2 \supset \cdots \supset H_{n-1} \supset \{e\} = H_n,$$
$$H_i \triangleright H_{i+1}, [H_i : H_{i+1}] = 2$$

となるものがとれるから，この部分群の列に対応する体の列

$$F \subset L_1 \subset L_2 \subset \cdots \subset L_{n-1} \subset L = L_n$$

をとれば，体の拡大 L_{i+1}/L_i は 2 次のガロア拡大となる．したがって，命題 2.9.5 によって L のすべての元が作図可能である．ゆえに α は作図可能となる． ∎

2.10　作図問題の具体例

(I) ギリシャの 3 大作図不可能問題

次の 3 つの問題を**ギリシャの 3 大作図不可能問題**という．

(1) (角の三等分問題) 一般に与えられた角の三等分を作図すること．
(2) (立方体倍積問題) 与えられた立方体の体積の 2 倍の体積を持つ立方体の 1 辺を作図すること．
(3) (円積問題) 与えられた円の面積と同じ面積を持つ正方形の 1 辺を作図すること．

このうち，問題 (1), (2) はガロア理論を用いて不可能であることが証明される．

(1) 一般角の三等分の作図不可能

この問題は $\cos\theta$ を既知として，それから $\cos(\theta/3)$ を作図するという問題と同値である．3 倍角の公式によって

$$\cos\theta = 4\cos^3(\theta/3) - 3\cos(\theta/3)$$

だから，これは 3 次方程式 $4X^3 - 3X = \cos\theta$ の根を作図するという問題になる．θ が一般ならば $4X^3 - 3X - \cos\theta$ は既約 3 次多項式である．よって定理 2.9.6 よりその根は作図できない．たとえば，$\theta = \pi/2$ のときには，

$$4X^3 - 3X - \cos\theta = 4X^3 - 3X = (4X^2 - 3)X$$

と $\mathbf{Q}$ 上因数分解でき，角度 $\pi/2$ を 3 等分する問題は 2 次方程式 $4X^2 - 3 = 0$ の根を求める問題になるから，定理 2.9.6 より作図可能となる．つまり，3 次多項式 $4X^3 - 3X - \cos\theta$ が $\mathbf{Q}$ 上因数分解できるような角に対しては作図可能であり，$\mathbf{Q}$ 上既約になる角に対しては作図不可能ということである．

(2) 立方体倍積の作図不可能

立方体の 1 辺の長さ a が与えられているとき，その立方体の 2 倍の体積を持つ立方体の 1 辺の長さを x とすれば，

$$x^3 = 2a^3$$

となる．$x/a = y$ とおけば，x が作図可能であることと y が作図可能であることは同値である．したがって，

$$y^3 - 2 = 0$$

の根が作図できるときに限り x は作図可能である．しかし，3 次多項式 $y^3 - 2$ は $\mathbf{Q}$ 上既約であるからこの根は定理 2.9.6 より作図できない．したがって，与えられた立方体の体積の 2 倍の体積を持つ立方体の 1 辺を作図することは不可能である．

(3) 円積問題

これはガロア理論の問題ではなく数の超越性の問題ではあるが，簡単に解説しておこう．半径 a の円が与えられているとき，その円と同じ面積を持つ正方形の 1 辺の長さ x は

$$x^2 = \pi a^2$$

の根として与えられる．$x/a = y$ とおけば，x が作図できることと y が作図できることは同値である．したがって，

$$y^2 = \pi$$

の根が作図できるときに限り x は作図可能である．問題は π が与えられていないことである．いっぽう，π は超越的ゆえ作図できない．よって y も作図できないのである．π が x 軸上の点としてあらかじめ与えられているという状況であれば，y は作図可能であり，したがって x も作図可能ということになる．

(II) 正 n 角形の作図

正多角形がどのようなときに作図可能であるかという問題を考えてみよう.

定理 2.10.1 n を 3 以上の自然数とする. 正 n 角形が作図可能であるための必要十分条件は, n が $n = 2^\lambda p_1 \cdots p_r$ (λ は 0 以上の整数, p_i は $p_i = 2^{m_i} + 1$ (m_i は自然数) なる形の素数) となることである.

証明 正 n 角形が作図可能であるための必要十分条件は角 $2\pi/n$ が作図可能なことである. またそれは, $\cos(2\pi/n)$ が作図可能なことと同値である. ζ を 1 の原始 n 乗根 $e^{2\pi i/n}$ とすれば

$$\cos(2\pi/n) = (\zeta + \zeta^{-1})/2$$

である. 体の拡大の列 $\mathbf{Q}(\zeta) \supset \mathbf{Q}(\cos(2\pi/n)) \supset \mathbf{Q}$ において, $[\mathbf{Q}(\zeta) : \mathbf{Q}] = \varphi(n)$ (オイラー数), $[\mathbf{Q}(\zeta) : \mathbf{Q}(\cos(2\pi/n))] = 2$ であるから,

$$[\mathbf{Q}(\cos(2\pi/n)) : \mathbf{Q}] = \varphi(n)/2$$

となる. したがって, $\varphi(n)/2$ が 2 べきのとき, すなわち $\varphi(n)$ が 2 べきのときに限り $\cos(2\pi/n)$ は作図可能となる. ゆえに結果は次の補題からしたがう. ∎

補題 2.10.2 n を自然数とし,

$$n = 2^\lambda p_1^{\lambda_1} \cdots p_r^{\lambda_r}$$

(p_i は相異なる奇素数) を素因数分解とする. このとき, 次が成り立つ.

$$\begin{aligned}\varphi(n) &= \varphi(2^\lambda)\varphi(p_1^{\lambda_1}) \cdots \varphi(p_r^{\lambda_r}) \\ &= 2^{\lambda-1} p_1^{\lambda_1-1}(p_1-1) \cdots p_r^{\lambda_r-1}(p_r-1)\end{aligned}$$

証明 中国人剰余定理より

$$\mathbf{Z}/n\mathbf{Z} \cong \mathbf{Z}/2^\lambda \mathbf{Z} \times \mathbf{Z}/p_1^{\lambda_1}\mathbf{Z} \times \cdots \times \mathbf{Z}/p_r^{\lambda_r}\mathbf{Z}$$

となるが, $\varphi(n)$ は $\mathbf{Z}/n\mathbf{Z}$ の単元の数であり, 右辺の元は各成分が単元であるときに限り単元になる. ゆえに第 1 の等式が成り立つ.

p を素数とし，$\mathbf{Z}/p^m\mathbf{Z}$ の元がいつ単元になるか調べる．

$$u \in \mathbf{Z}/p^m\mathbf{Z} \text{ が単元}$$
$$\Leftrightarrow u \text{ と } p^m \text{ は互いに素}$$
$$\Leftrightarrow u \text{ は } p \text{ で割り切れない}$$
$$\Leftrightarrow u = a + pb \ (1 \le a \le p-1,\ 0 \le b < p^{m-1})$$

したがって，その数は $\varphi(p^m) = (p-1)p^{m-1}$ となる． ■

注意 2.10.3 上記補題の記号の下に，$\varphi(n)$ が 2 べきになるためには

$$\lambda_1 = \cdots = \lambda_r = 1,\ p_i = 2^{m_i} + 1 \ (i=1,\cdots,r;\ m_i \text{は自然数})$$

となることが必要十分である．

$2^m + 1$ の形の自然数が素数になるための条件として，次の補題が知られている．

補題 2.10.4 $2^m + 1$ の形の整数が素数ならば $m = 2^n$（n は 0 以上の整数）の形となる．

証明 もし m が奇素数 q で割れるとし，$m/q = a$ とおく．このとき，

$$2^m + 1 = (2^a)^q + 1 = (2^a + 1)((2^a)^{q-1} - (2^a)^{q-2} + \cdots + 1)$$

が成り立つ．よって $2^m + 1$ は $2^a + 1$ $(a < m)$ で割り切れ，素数ではない． ■

定義 2.10.5 $F_n = 2^{2^n} + 1$ の形の素数を**フェルマー数**という．

注意 2.10.6 $F_0 = 3,\ F_1 = 5,\ F_2 = 17,\ F_3 = 257,\ F_4 = 65537$ が素数になることは 17 世紀にすでに知られていた．F_5 は 641 を素因子として持ち，したがって素数でないことはオイラーによって 1732 年に示された．現在のところ，上記以外のフェルマー数はみつかっていない．また，$p < 10^{40000}$ におけるフェルマー素数は上記のみであることが知られている．

注意 2.10.7 前記注意によって，素数 p に対し，正 p 角形が作図可能であるような 10^{40000} 以下の素数は $2, 3, 5, 17, 257, 65537$ だけである．また，定理 2.10.1 に

よって，正 7,11,13,19,23 角形などは作図不可能であることがわかる．

章末問題

(1) 次の体の拡大 E/F はガロア拡大か．ガロア拡大ならそのガロア群を求めよ．ただし，ω は 1 の原始 3 乗根である．
   (i) $E = \mathbf{Q}(\sqrt[3]{5}, \sqrt[3]{5}\omega)$, $F = \mathbf{Q}$ (ii) $E = \mathbf{Q}(\sqrt[3]{5}, \sqrt{5})$, $F = \mathbf{Q}$
   (iii) $E = \mathbf{Q}(\sqrt{2}, \sqrt{6})$, $F = \mathbf{Q}$ (iv) $E = \mathbf{Q}(\sqrt[3]{5}, \omega)$, $F = \mathbf{Q}(\omega)$
   (v) $E = \mathbf{Q}(\sqrt[3]{2}, \sqrt[3]{3}, \omega)$, $F = \mathbf{Q}(\omega)$

(2) $f(X)$ を次のような $\mathbf{Q}$ 上の多項式とし，その最小分解体を E とするとき，拡大 $E/\mathbf{Q}$ のガロア群を求めよ．
   (i) $f(X) = X^2 - 10$ (ii) $f(X) = X^3 - 10$ (iii) $f(X) = X^4 - 5$
   (iv) $f(X) = X^4 + 5$ (v) $f(X) = (X^2 - 3)(X^2 - 6)$
   (vi) $f(X) = (X^2 - 2)(X^2 - 5)(X^2 - 7)$ (vii) $f(X) = (X^2 - 2)(X^3 - 5)$
   (viii) $f(X) = X^6 - X^3 + 1$ (ix) $f(X) = X^4 - X^2 + 1$ (x) $f(X) = X^8 + 1$

(3) $X^4 - 5 = 0$ のすべての根を $\mathbf{Q}(\sqrt{-1})$ に添加して得られる体を E とするとき，$E/\mathbf{Q}(\sqrt{-1})$ はガロア拡大であることを示し，そのガロア群を求めよ．また，中間体をすべて求めよ．

(4) ω を 1 の原始 3 乗根とし，$f(X) = X^6 - 6X^4 - 10X^3 + 12X^2 - 60X + 17$ とおく．方程式 $f(X) = 0$ の根は，$\sqrt{2} + \sqrt[3]{5}, \sqrt{2} + \omega\sqrt[3]{5}, \sqrt{2} + \omega^2\sqrt[3]{5}, -\sqrt{2} + \sqrt[3]{5}, -\sqrt{2} + \omega\sqrt[3]{5}, -\sqrt{2} + \omega^2\sqrt[3]{5}$ で与えられることを示し，$f(X)$ の $\mathbf{Q}$ 上の最小分解体を E とするとき，ガロア拡大 $E/\mathbf{Q}$ のガロア群を求めよ．

(5) 体 F 上の既約 3 次式 $X^3 + bX + c$ のガロア群は，$D = -4b^3 - 27c^2$ とおくとき，$\sqrt{D} \notin F$ なら 3 次対称群 S_3 に，$\sqrt{D} \in F$ なら 3 次交代群 A_3 に同型になることを示せ．

(6) $x_1^2 + x_2^2 + x_3^2$ および $x_1^3 + x_2^3 + x_3^3$ を x_1, x_2, x_3 の基本対称式 s_1, s_2, s_3 で表わせ．

(7) n 次対称群 S_n が不定元 $x_1, x_2, \cdots, x_n$ の置換として作用しているとし，それらの基本対称式を $s_1, s_2, \cdots, s_n$ とする．このとき，n 変数多項式環 $\mathbf{C}[x_1, x_2, \cdots, x_n]$ の不変環は
$$\mathbf{C}[x_1, x_2, \cdots, x_n]^{S_n} = \mathbf{C}[s_1, s_2, \cdots, s_n]$$
となることを示せ．

(8) n 次のガロア拡大 E/F のガロア群 $Gal(E/F)$ の元を $\sigma_1, \cdots, \sigma_n$ とすれば，任

意の F-線形写像 $f: E \to E$ に対し，$a_1, \cdots, a_n \in E$ が存在して，
$$f = a_1 \sigma_1 + \cdots + a_n \sigma_n$$
となることを示せ．

(9) p を奇素数，π を円周率とする．
   (i) $\cos(2\pi/p)$ は $\mathbf{Q}$ 上代数的であることを示せ．
   (ii) 体の拡大 $\mathbf{Q}(\cos(2\pi/p))/\mathbf{Q}$ はガロア拡大であることを示し，そのガロア群を求めよ．

(10) 任意の有限群 G は，ある有限次ガロア拡大 E/F のガロア群と同型になることを示せ．

(11) $\mathbf{Q}$ 上のガロア拡大で，ガロア群が 4 元数群と同型になるものを構成せよ．

(12) $E_1/F, E_2/F$ を有限次アーベル拡大とすれば，合成体 $E_1 E_2/F$ も有限次アーベル拡大になることを示せ．

(13) F を体，$\bar{F}$ を F の代数的閉包とし，E_1, E_2 を $\bar{F}$ に含まれる F の有限次拡大で $E_1 \cap E_2 = F$ を満たすとする．このとき，合成体 $E_1 E_2$ について $[E_1 E_2 : F] = [E_1 : F][E_2 : F]$ が成り立つか．成り立つときは証明を与え，成り立たないときは反例を与えよ．とくに，F が有限体のときはどうか．

(14) m_1, m_2 を自然数とし，それらの最大公約数を g，最小公倍数を ℓ とする．自然数 n に対し，1 の原始 n 乗根を ζ_n と書くとき，$\mathbf{Q}(\zeta_{m_1}) \cap \mathbf{Q}(\zeta_{m_2}) = \mathbf{Q}(\zeta_g)$，$\mathbf{Q}(\zeta_{m_1}, \zeta_{m_2}) = \mathbf{Q}(\zeta_\ell)$ となることを示せ．

(15) $\mathbf{Q}$ 上の 1 の原始 12 乗根の最小多項式を求めよ．

(16) E を $\mathbf{Q}$ の有限次代数的拡大とする．このとき，E は 1 のべき根を有限個しか含まないことを示せ．

(17) 1 の原始 7 乗根の 1 つを ζ とするとき，体の拡大 $\mathbf{Q}(\zeta)/\mathbf{Q}$ の中間体をすべて求めよ．

(18) $\mathbf{F}_{2^3}$ の元で $\mathbf{F}_2$ にははいらない元 α の $\mathbf{F}_2$ 上の最小多項式を求めよ．

(19) p を素数とする．有限体 $\mathbf{F}_p$ 上の多項式 $X^2 + 1$ の既約性を判定せよ．

(20) p を素数とする．整数係数の既約多項式 $f(X) = X^n + a_{n-1} X^{n-1} + \cdots + a_0 \in \mathbf{Z}[X]$ を考え，その係数の $\bmod p$ をとってできる $\mathbf{F}_p$ 係数の多項式を $\bar{f}(X)$ とする．$\bar{f}(x)$ は重複因子を持たないとし，$f(X)$ の $\mathbf{Q}$ 上の最小分解体を E，$\bar{f}(X)$ の $\mathbf{F}_p$ 上の最小分解体を F とすれば，$Gal(F/\mathbf{F}_p)$ は $Gal(E/\mathbf{Q})$ の部分群とみなせることを示せ．

(21) F を有限体とし，多項式 $f(X) \in F[X]$ は重複する零点を持たないとする．$f(X) = f_1 f_2 \cdots f_r$ を F 上の既約分解とし，$\deg f_i = n_i$ とする．このとき，方

程式 $f(X) = 0$ のガロア群は，根の置換群とみて，

$$(n_1\text{次の巡回置換})(n_2\text{次の巡回置換})\cdots(n_r\text{次の巡回置換})$$

の型の置換で生成される巡回群になることを示せ．

(22) $\mathbf{Q}$ 上の方程式 $X^5 - X - 1 = 0$ のガロア群は S_5 に同型であることを示せ．

(23) p を素数とし，$\mathbf{Q}$ 上 p 次の既約多項式 $f(X)$ が，$p-2$ 個の実数の零点と 2 個の実数でない複素数の零点を持つとする．このとき，$f(X)$ の $\mathbf{Q}$ 上の最小分解体を E とすれば，ガロア群 $Gal(E/F)$ は p 次対称群 S_p と同型になることを示せ．

(24) $\mathbf{Q}$ 上の多項式 $X^5 - 6X + 3$ の最小分解体を E とするとき，$Gal(E/\mathbf{Q})$ を求めよ．

(25) $\mathbf{Q}$ 上のガロア拡大で，そのガロア群が n 次対称群 S_n と同型になるものを求めよ．

(26) E/F を有限次分離拡大とし，$a \in E$ をとる．a は乗法によって E から E への写像を定義するが，これを F 上の線形写像とみたものを T_a と書く．T_a のトレース，行列式はそれぞれ $\mathrm{Tr}_{E/F}(a)$, $\mathrm{N}_{E/F}(a)$ と一致することを示せ．

(27) 角 60 度の 3 等分は作図可能であるか．

(28) 与えられた正方形の 2 倍の面積を持つ正方形の 1 辺は作図可能であるか．可能なら作図せよ．

(29) 正 n 角形で作図可能なものを $3 \leq n \leq 20$ の範囲ですべて求めよ．

(30) （ヴィットの定理）有限個の元からなる斜体は体（可換）であることを示せ．

第3章 ガロア理論続論

3.1 代数学の基本定理

n を自然数とするとき,複素数を係数とする n 次多項式はかならず複素数の範囲に零点を有するという定理を**代数学の基本定理**という.この事実は,1799 年に,ガウスの学位論文で初めて証明された.ガウスはその生涯において,この定理の 4 つの異なる証明を与えている.ここでは,ガロア理論を用いた証明を与えよう.代数学の基本定理は体の用語を用いれば次のようになる.

定理 3.1.1(ガウス) 複素数体 **C** は代数的閉体である.すなわち,$f(X) \in \mathbf{C}[X]$ を次数が 1 以上の多項式とすれば,$f(X)$ は 1 次式の積に分解される.

補題 3.1.2 $\mathbf{R}[X] \ni h(X)$ を $\deg h(X) \geq 3$ かつ奇数次数とするならば,$h(X)$ は既約でない.

証明 $h(X)$ はモニック,すなわち $h(X) = X^{2n+1} + \cdots$ という形の多項式であるとして一般性を失わない.このとき,

$$\lim_{X \to +\infty} h(X) = +\infty, \quad \lim_{X \to -\infty} h(X) = -\infty$$

である.よって中間値の定理により $h(X) = 0$ の実根 α が存在する.ゆえに $h(X) = (X - \alpha)h_1(X)\ (h_1(X) \in \mathbf{R}[X])$ となるから既約ではない. ∎

系 3.1.3 **R** の奇数次 (> 1) の拡大体は存在しない.

補題 3.1.4 $\mathbf{C}[X] \ni h(X)$ で $\deg h(X) = 2$ とすれば,$h(X)$ は既約でない.

証明 $h(X) = X^2 + aX + b$ の形であるとして一般性を失わない．$X = (-a \pm \sqrt{a^2 - 4b})/2$ は **C** にはいる $h(X) = 0$ の根である．ゆえに $h(X)$ は $\mathbf{C}[X]$ で既約でない． ∎

系 3.1.5 **C** の 2 次拡大は存在しない．

定理 3.1.1 の証明 $f(X) \in \mathbf{C}[X]$ に対し，$f(X)$ の係数を共役複素数におきかえた多項式を $\bar{f}(X)$ とすれば，$f(X)\bar{f}(X) \in \mathbf{R}[X]$ となる．$g(X) = (X^2+1)f(X)\bar{f}(X) \in \mathbf{R}[X]$ とおく．$g(X)$ の **R** 上の最小分解体を E とすれば，$E \supset \mathbf{C}$ であり，$E/\mathbf{R}$ はガロア拡大になる．そのガロア群を $Gal(E/\mathbf{R}) = G$ とおく．$|G| = 2^n k$ (k は奇数) とする．G の 2-シロー群を P とすれば，その位数は 2^n である．P に対応する不変体 E^P の **R** 上の拡大次数は $[E_P : \mathbf{R}] = k$ となるが，系 3.1.3 より **R** の奇数次の真の拡大体は存在しないから $k = 1$ となる．ゆえに $G = P$, $|G| = 2^n$ となる．G は 2-群より $[G : H] = 2$ なる部分群 $H \subset G$ がある．$[G : H] = 2$ より $H \triangleleft G$ であり，E^H は適当な次数 2 の **R** 上の既約多項式

$$f(X) = X^2 + aX + b \in \mathbf{R}[X]$$

の **R** 上の最小分解体になる．$f(X)$ が **R** 上既約になるために，判別式は $a^2 - 4b < 0$ である．$f(X) = 0$ の根は

$$-a/2 \pm \sqrt{-1}\sqrt{(4b - a^2)/4}$$

であるから，

$$E^H = \mathbf{R}(-a/2 + \sqrt{-1}\sqrt{(4b - a^2)/4}) = \mathbf{R}(\sqrt{-1}) = \mathbf{C}$$

となる．もし，$n > 1$ なら同様にして部分群 $H' \subset H$ で $[H : H'] = 2$ となるものが存在する．このとき，$E^{H'}/E^H$ は $E^H = \mathbf{C}$ の 2 次拡大であるが，これは系 3.1.5 に反する．ゆえに $n = 1$ となり $E = E^H = \mathbf{C}$ を得る．したがって，$f(X)$ の **C** 上の最小分解体は **C** であり，**C** は代数的閉体である． ∎

3.2　正規底

E/F を n 次分離拡大, $\{u_1,\cdots,u_n\}$ を基底とする. E' を E を含む F のガロア拡大とし, $E \to E'$ なる中への同型写像全体を $\{\sigma_1,\cdots,\sigma_n\}$ とする. $\mathrm{Tr}(u_i u_j)$ を (i,j) 成分とする n 次正方行列 $(\mathrm{Tr}(u_i u_j)) = A$ とおく. A は対称行列である. 命題 2.4.6 より A は正則行列であり, したがって $\det A \neq 0$ である.

定義 3.2.1　$t_1,\cdots,t_n \in E$ に対し,
$$D(t_1,\cdots,t_n) = \det(\mathrm{Tr}(t_i t_j))$$
$$\Delta(t_1,\cdots t_n) = \det(t_i^{\sigma_j})$$

とおく. 上記の記号の下に, $D(u_1,\cdots,u_n) = \det A$ を拡大 E/F の基底 $\{u_1,\cdots,u_n\}$ に関する**判別式** (discriminant) という.

補題 3.2.2　$t_1,\cdots,t_n \in E$ に対し,
$$D(t_1,\cdots,t_n) = \Delta(t_1,\cdots,t_n)^2$$

証明
$$(\mathrm{Tr}(t_i t_j)) = \Big(\sum_{k=1}^n (t_i t_j)^{\sigma_k}\Big) = \begin{pmatrix} t_1^{\sigma_1} & \cdots & t_1^{\sigma_n} \\ t_2^{\sigma_1} & \cdots & t_2^{\sigma_n} \\ \vdots & & \vdots \end{pmatrix} \begin{pmatrix} t_1^{\sigma_1} & t_2^{\sigma_1} & \cdots \\ \vdots & \vdots & \\ t_1^{\sigma_n} & t_2^{\sigma_n} & \cdots \end{pmatrix}$$

ゆえに, $D(t_1,\cdots,t_n) = \Delta(t_1,\cdots,t_n)^2$ となる. ■

命題 3.2.3　$\{t_1,\cdots,t_n\}$ が E/F の基底になるための必要十分条件は $\Delta(t_1,\cdots,t_n) \neq 0$ となることである.

証明　必要条件であることは,
$$\{t_1,\cdots,t_n\} \text{ が基底} \;\Rightarrow\; D(t_1,\cdots,t_n) \neq 0$$
$$\Rightarrow\; \Delta(t_1,\cdots,t_n) \neq 0$$

からしたがう．逆を示すために，

$$a_1 t_1 + \cdots + a_n t_n = 0 \quad (a_i \in F,\ i = 1, \cdots, n)$$

とする．このとき，$a_1 t_1^{\sigma_i} + \cdots + a_n t_n^{\sigma_i} = 0$ だから，

$$\begin{pmatrix} t_1^{\sigma_1} & \cdots & t_n^{\sigma_1} \\ t_1^{\sigma_2} & \cdots & t_n^{\sigma_2} \\ & \vdots & \end{pmatrix} \begin{pmatrix} a_1 \\ \vdots \\ a_n \end{pmatrix} = 0$$

を得る．$\Delta(t_1, \cdots, t_n) \neq 0$ より行列 $(t_j^{\sigma_i})$ は正則だから，$a_1 = a_2 = \cdots = a_n = 0$ を得る．したがって，$\{t_1, \cdots, t_n\}$ は F 上線形独立であり，E/F の基底になる． ■

定義 3.2.4 E/F をガロア拡大とし，そのガロア群を $Gal(E/F) = G = \{\sigma_1, \cdots, \sigma_n\}$ とする．$E \ni u$ に対し $\{u^{\sigma_1}, \cdots, u^{\sigma_n}\}$ が E の F 上の基底になるとき $\{u^{\sigma_1}, \cdots, u^{\sigma_n}\}$ をガロア拡大 E/F の**正規底** (normal basis) という．

【例 3.2.5】 体の拡大 $\mathbf{C}/\mathbf{R}$ を考える．$\mathbf{C}$ は $X^2 + 1$ の分解体である．$a \in \mathbf{C}$ に対し $\bar{a}$ を a の複素共役とすれば，ガロア群は $Gal(\mathbf{C}/\mathbf{R}) = \{id, \bar{}\}$ で与えられる．$X^2 + 1 = 0$ の1根を $i = \sqrt{-1}$ とすると，$\{1, i\}$ は基底であるが正規底ではない．また，$\{i, \bar{i}\} = \{i, -i\}$ は基底にならない．$\{1+i, \overline{1+i}\} = \{1+i, 1-i\}$ は正規底である．

定理 3.2.6（正規底の存在）ガロア拡大 E/F には正規底が存在する．とくに，$Gal(E/F) = G$ とおき F 上の群環を $F[G]$ とすれば，$F[G]$-加群として

$$F[G] \cong E$$

が成立する．

証明 まず，有限体 $F = \mathbf{F}_q$ のガロア拡大 $\mathbf{F}_{q^n}/\mathbf{F}_q$ を考える．ガロア群 $Gal(\mathbf{F}_{q^n}/\mathbf{F}_q)$ は位数 n の巡回群だから，その生成元を σ とする．デデキントの補題（系 2.4.5）より線形写像

$$e, \sigma, \sigma^2, \cdots, \sigma^{n-1}$$

は $\mathbf{F}_q$ 上線形独立である．また，$\sigma^n = e$ だから，線形写像 σ の最小多項式は $X^n - 1$ となり，固有多項式と一致する．ゆえに線形代数の一般論から，ベクトル空間 $\mathbf{F}_{q^n}$ の $\mathbf{F}_q$ 上の基底 $\alpha_1, \alpha_2, \cdots, \alpha_n$ を適当にとれば，線形写像 σ のこの基底に関する表現行列が

$$A = \begin{pmatrix} 0 & 0 & \cdots & 0 & 1 \\ 1 & 0 & \cdots & 0 & 0 \\ 0 & 1 & \ddots & 0 & 0 \\ \vdots & \ddots & \ddots & \vdots & \vdots \\ 0 & 0 & \cdots & 1 & 0 \end{pmatrix}$$

となるようにできる．このとき，

$$\alpha_1^\sigma = \alpha_2,\ \alpha_2^\sigma = \alpha_3, \cdots, \alpha_n^\sigma = \alpha_1$$

であるから，$\alpha = \alpha_1$ とおけば，

$$\alpha, \alpha^\sigma, \alpha^{\sigma^2}, \cdots, \alpha^{\sigma^{n-1}}$$

はガロア拡大 $\mathbf{F}_{q^n}/\mathbf{F}_q$ の正規底となる．

次に F を無限体とする．

$$G = \{\sigma_1 = e, \sigma_2, \cdots, \sigma_n\}$$

とし，各元 σ_i に変数 X_{σ_i} を対応させる．行列式

$$\det(X_{\sigma_i^{-1}\sigma_j}) = f(X_{\sigma_1}, \cdots, X_{\sigma_n})$$

とおく．$(X_{\sigma_1}, X_{\sigma_2}, \cdots, X_{\sigma_n}) = (1, 0, \cdots, 0)$ とすれば，行列は単位行列となり $f(1, 0, \cdots, 0) = 1$ となる．よって f は恒等的に 0 ではない．E/F の1つの基底を $\alpha_1, \cdots, \alpha_n$ とし，$x_1, \cdots, x_n$ を新しい変数とする．

$$\begin{cases} \xi = x_1\alpha_1 + \cdots + x_n\alpha_n \\ \xi^{\sigma_2} = x_1\alpha_1^{\sigma_2} + \cdots + x_n\alpha_n^{\sigma_2} \\ \vdots \\ \xi^{\sigma_n} = x_1\alpha_1^{\sigma_n} + \cdots + x_n\alpha_n^{\sigma_n} \end{cases}$$

とおく．$\alpha_1, \cdots, \alpha_n$ が基底であることから，命題 3.2.3 より

$$\det(\alpha_j^{\sigma_i}) \neq 0.$$

よって，上記の変換は変数変換となる．

$$X_{\sigma_1} = \xi, X_{\sigma_2} = \xi^{\sigma_2}, \cdots, X_{\sigma_n} = \xi^{\sigma_n}$$

とおけば，f は $x_i\ (i=1,\cdots,n)$ の関数として

$$f(X_{\sigma_1}, \cdots, X_{\sigma_n}) = g(x_1, \cdots, x_n)$$

という形となり，恒等的に 0 ではない．したがって，F が無限体であることを考えれば，適当な $a_1, \cdots, a_n \in F$ で $g(a_1, \cdots, a_n) \neq 0$ となるものが存在する．その元に対して，

$$\theta = a_1\alpha_1 + \cdots + a_n\alpha_n$$

とおく．このとき，

$$\{\theta^{\sigma_1}, \theta^{\sigma_2}, \cdots, \theta^{\sigma_n}\}$$

が求める正規底となる．なぜならば，

$$c_1\theta^{\sigma_1} + \cdots + c_n\theta^{\sigma_n} = 0 \quad (c_i \in F)$$

とする．このとき，任意の σ_i に対し

$$c_1\theta^{\sigma_i^{-1}\sigma_1} + \cdots + c_n\theta^{\sigma_i^{-1}\sigma_n} = 0$$

となる．ゆえに，$B = (\theta^{\sigma_i^{-1}\sigma_j})$, $\boldsymbol{c} = {}^t(c_1, \cdots, c_n)$ とおけば $B\boldsymbol{c} = \boldsymbol{0}$ となる．$\det(\theta^{\sigma_i^{-1}\sigma_j}) = g(a_1, \cdots, a_n) \neq 0$ だから，行列 B は正則であり，したがって $(c_1, \cdots, c_n) = (0, \cdots, 0)$ を得る．よって $\theta^{\sigma_1}, \cdots, \theta^{\sigma_n}$ は線形独立となり，$\{\theta^{\sigma_1}, \cdots, \theta^{\sigma_n}\}$ は正規底となる．また，F 上の線形写像

$$\begin{array}{ccc} F[G] & \longrightarrow & E \\ \sum a_\sigma \sigma & \mapsto & \sum a_\sigma \theta^\sigma \end{array}$$

によって，$F[G]$-加群としての同型写像

$$F[G] \cong E$$

を得る．∎

3.3 ガロア・コホモロジー

群のコホモロジーの概説からはじめよう．N をアーベル群，G を群とする．G が N に作用しているとする．すなわち，写像

$$G \times N \longrightarrow N$$

で

$$\begin{cases} e \in G,\ x \in N \Rightarrow ex = x, \\ \sigma, \tau \in G,\ x \in N \Rightarrow (\sigma\tau)(x) = \sigma(\tau(x)) \end{cases}$$

を満たすものが存在するとする．G^n から N への関数の集合

$$C^n(G, N) = \{f : G^n \longrightarrow N\}$$

を G の N に関する n-**コチェイン** (n-cochain) という．ただし，

$$C^0(G, N) = N$$

であり，これは $G \to N$ なる定値写像の全体を表わす．これらは自然にアーベル群になる：

$$(f + g)(\sigma_1, \cdots, \sigma_n) = f(\sigma_1, \cdots, \sigma_n) + g(\sigma_1, \cdots, \sigma_n).$$

準同型写像

$$\delta^n : C^n(G, N) \longrightarrow C^{n+1}(G, N)$$

を

$$\begin{aligned}(\delta^n f)&(\sigma_1, \cdots, \sigma_{n+1}) \\ &= \sigma_1 f(\sigma_2, \cdots, \sigma_{n+1}) + \sum_{i=1}^{n}(-1)^i f(\sigma_1, \cdots, \sigma_i \sigma_{i+1}, \cdots, \sigma_{n+1}) \\ &\quad + (-1)^{n+1} f(\sigma_1, \cdots, \sigma_n)\end{aligned}$$

と定義する．

【例 3.3.1】 $x \in N$, $\rho, \sigma, \tau \in G$ に対し，

(1) $(\delta^0 x)(\sigma) = \sigma x - x$

(2) $(\delta^1 f)(\sigma, \tau) = \sigma f(\tau) - f(\sigma\tau) + f(\sigma)$

(3) $(\delta^2 f)(\rho, \sigma, \tau) = \rho f(\sigma, \tau) - f(\rho\sigma, \tau) + f(\rho, \sigma\tau) - f(\rho, \sigma)$

となる．

補題 3.3.2 n を 0 以上の整数とすれば，
$$\delta^{n+1} \circ \delta^n = 0$$
が成り立つ．

証明 定義にもどって直接計算することによって確かめられる． ■

以上から，複体
$$0 \xrightarrow{\delta^{-1}} C^0(G, N) \xrightarrow{\delta^0} \cdots \xrightarrow{\delta^{n-2}} C^{n-1}(G, N)$$
$$\xrightarrow{\delta^{n-1}} C^n(G, N) \xrightarrow{\delta^n} C^{n+1}(G, N) \longrightarrow$$

を得る．すなわち，任意の $n \geq 0$ に対して $\operatorname{Im} \delta^{n-1} \subset \operatorname{Ker} \delta^n$ が成り立つ．

定義 3.3.3 $Z^n(G, N) = \operatorname{Ker} \delta^n$, $B^n(G, N) = \operatorname{Im} \delta^{n-1}$ とおく．$Z^n(G, N)$ の元を n-コサイクル (n-cocycle)，$B^n(G, N)$ の元を n-コバウンダリー (n-coboudary) という．さらに，
$$H^n(G, N) = Z^n(G, N) / B^n(G, N)$$
とおいて，第 n-コホモロジー群 (n-th cohomology group) という．

補題 3.3.4 $N^G = \{x \in N \mid \sigma x = x, \ \forall \sigma \in G\}$ とおけば，
$$H^0(G, N) = Z^0(G, N) = N^G.$$

証明 例 3.3.1(1) 式からしたがう． ■

補題 3.3.5 $C^1(G, N) \ni f$ に対して，
$$Z^1(G, N) \ni f \Leftrightarrow f(\sigma\tau) = f(\sigma) + \sigma f(\tau).$$
とくに，G が N に自明に作用しているとき，つまり $\sigma(x) = x$ ($\forall \sigma \in G, \forall x \in N$) であるとき，
$$Z^1(G, N) \ni f \Leftrightarrow f \in \operatorname{Hom}(G, N).$$

証明 例 3.3.1(2) 式からしたがう. ∎

E/F をガロア拡大, ガロア群を $Gal(E/F) = G$ とおく. G 上の種々の加群に関するコホモロジー群を**ガロア・コホモロジー** (Galois cohomology) という. 乗法に関するアーベル群 E^* への G のガロア群としての作用を考える.

命題 3.3.6　　$H^0(G, E^*) = F^*$.

証明 ガロア理論より $(E^*)^G = F^*$ であるから, この命題は補題 3.3.4 からしたがう. ∎

定理 3.3.7（ヒルベルトの定理 90）　　$H^1(G, E^*) = 0$.

証明 $\alpha \in E$ をとる. 1-コチェイン $f : G \to E^* \in C^1(G, E^*)$ に対し,

$$f \in Z^1(G, E^*) \Leftrightarrow f(\sigma)f(\tau)^\sigma = f(\sigma\tau) \ (\forall \sigma, \tau \in G)$$

である. したがって, $f \in Z^1(G, E^*)$ に対し,

$$f(\sigma)\Big(\sum_\tau f(\tau)\alpha^\tau\Big)^\sigma = \sum_\tau f(\sigma\tau)\alpha^{\sigma\tau} = \sum_\tau f(\tau)\alpha^\tau$$

となる. デデキントの補題（系 2.4.5）より

$$\beta = \sum_\tau f(\tau)\alpha^\tau \neq 0$$

となるような $\alpha \in E^*$ が存在する. このとき

$$f(\sigma) = \beta/\beta^\sigma = (\delta^0 \beta^{-1})(\sigma)$$

となるから, $f \in B^1(G, E^*)$ を得る. ゆえに,

$$H^1(G, E^*) = Z^1(G, E^*)/B^1(G, E^*) = 0$$

となる. ∎

系 3.3.8　　$G = Gal(E/F)$ の指標 $\chi : G \to F^*$ に対し, 任意の $\sigma \in G$ に対し $\chi(\sigma) = \beta/\beta^\sigma$ となる元 $\beta \in E^*$ が存在する.

証明 $\chi \in \mathrm{Hom}(G, F^*) \subset Z^1(G, E^*)$ だから, 定理 3.3.7 の証明と同様にして $\chi(\sigma) = \beta/\beta^\sigma$ となるような $\beta \in E^*$ が存在する. ∎

系 3.3.9 E/F を巡回拡大とし, $Gal(E/F) = \langle \sigma \rangle$ とする. $\alpha \in E$ がノルム $N_{E/F}\alpha = 1$ を満たすならば, $\alpha = \beta/\beta^\sigma$ となるような $\beta \in E$ が存在する.

証明 $f(\sigma^i) = \alpha \alpha^\sigma \cdots \alpha^{\sigma^{i-1}}$ とおけば, $f \in Z^1(G, E^*)$ となることが計算によってわかる. よって, 定理 3.3.7 より $\beta \in E^*$ が存在して $f(\sigma^i) = \beta/\beta^{\sigma^i}$ となる. とくに, $i = 1$ として $\alpha = \beta/\beta^\sigma$ となる. ∎

系 3.3.10 体の拡大 $\mathbf{F}_{q^n}/\mathbf{F}_q$ のノルム

$$\mathrm{N}_{\mathbf{F}_{q^n}/\mathbf{F}_q} : \mathbf{F}_{q^n}^* \longrightarrow \mathbf{F}_q^*$$

は乗法群の全射準同型写像である.

証明 $Gal(\mathbf{F}_{q^n}/\mathbf{F}_q)$ は巡回群であるから, その生成元を σ とする. 系 3.3.9 より

$$0 \to (\mathbf{F}_{q^n}^*)^{1-\sigma} \longrightarrow \mathbf{F}_{q^n}^* \longrightarrow N(\mathbf{F}_{q^n}^*) \to 0$$

は完全系列である. ゆえに, $|\mathbf{F}_{q^n}^*| = |(\mathbf{F}_{q^n}^*)^{1-\sigma}||N(\mathbf{F}_{q^n}^*)|$. また, $\mathbf{F}_{q^n}^{\langle \sigma \rangle} = \mathbf{F}_q$ だから,

$$0 \to \mathbf{F}_q^* \longrightarrow \mathbf{F}_{q^n}^* \longrightarrow (\mathbf{F}_{q^n}^*)^{1-\sigma} \to 0$$

も完全系列である. ゆえに, $|\mathbf{F}_{q^n}^*| = |\mathbf{F}_q^*||(\mathbf{F}_{q^n}^*)^{1-\sigma}|$. したがって, $|N(\mathbf{F}_{q^n}^*)| = |\mathbf{F}_q^*|$. ゆえに, $N(\mathbf{F}_{q^n}^*) = \mathbf{F}_q^*$ となる. ∎

注意 3.3.11 $H^2(G, E^*)$ を体の拡大 E/F のブラウアー群 (Brauer group) と呼ぶ. ブラウアー群は必ずしも 0 ではない.

次に, E を加法群とみて, 群 G がガロア群として E に作用する場合のガロア・コホモロジーを調べる.

命題 3.3.12 $H^0(G, E) = F$.

証明 補題 3.3.4 より, $H^0(G, E) = Z^0(G, E) = E^G = F$ を得る. ∎

定理 3.3.13 $H^1(G, E) = 0$.

証明 系 2.4.7 より，トレース $\mathrm{Tr}_{E/F} : E \to F$ は全射であるから，$\mathrm{Tr}_{E/F}(\alpha) \neq 0$ となる $\alpha \in E$ が存在する．$f \in Z^1(G, E)$ とし，$r = \sum_\tau f(\tau)\alpha^\tau$ とおく．

$$f(\sigma) + f(\tau)^\sigma = f(\sigma\tau) \ (\sigma, \tau \in G)$$

を用いて，

$$\begin{aligned}
r^\sigma &= \sum_\tau f(\tau)^\sigma \alpha^{\sigma\tau} = \sum_\tau (f(\sigma\tau) - f(\sigma))\alpha^{\sigma\tau} \\
&= \sum_\tau f(\sigma\tau)\alpha^{\sigma\tau} - f(\sigma)\sum_\tau \alpha^{\sigma\tau} \\
&= \sum_\tau f(\tau)\alpha^\tau - f(\sigma)\mathrm{Tr}(\alpha) \\
&= r - f(\sigma)\mathrm{Tr}(\alpha)
\end{aligned}$$

$\beta = (-r)/\mathrm{Tr}(\alpha)$ とおく．$\mathrm{Tr}(\alpha) \in F$ だから，$f(\sigma) = \beta^\sigma - \beta$ となる．ゆえに，$f \in B^1(G, E)$ を得る． ∎

系 3.3.14 $\mathrm{Hom}(G, F) \ni \chi$ ならば，$\chi(\sigma) = \beta - \beta^\sigma$ となる $\beta \in E$ が存在する．

証明 $\mathrm{Hom}(G, E) \subset Z^1(G, E)$ だから，定理 3.3.13 より，$\chi \in B^1(G, E)$ を得る． ∎

系 3.3.15 E/F を巡回拡大とし，$Gal(E/F) = \langle \sigma \rangle$ とする．$\alpha \in E$ が $\mathrm{Tr}_{E/F}(\alpha) = 0$ を満たすならば，$\alpha = \beta - \beta^\sigma$ となる $\beta \in E$ が存在する．

証明 $f(\sigma^i) = \alpha + \alpha^\sigma + \cdots + \alpha^{\sigma^{i-1}}$ とおけば $f \in Z^1(G, E)$ となる．よって定理 3.3.13 より，$f \in B^1(G, E)$ となる．ゆえに，$f(\sigma^i) = \beta - \beta^{\sigma^i}$ となる $\beta \in E$ が存在する．とくに $i = 1$ とおけば，$\alpha = \beta - \beta^\sigma$ を得る． ∎

注意 3.3.16 E を加法群とみた場合には，$Gal(E/F) = G$ に対し $H^i(G, E) = 0 \ (i \geq 1)$ であることを示すことができる（章末問題 (4) 参照）．

ガロア・コホモロジーの応用として，有限体上の方程式の解の数を計算してみよう．

【例 3.3.17】 $y^2 + y = x^7 + x^3$ を有限体 $\mathbf{F}_{2^3}$ 上の方程式と考え，$\mathbf{F}_{2^3}$ 上の解の数を計算する．$\mathbf{F}_{2^3}$ は方程式 $X^8 - X = 0$ の根全体と一致する．$\mathbf{F}_2$ 上での既約分解は

$$X^8 - X = X(X-1)(X^3 + X^2 + 1)(X^3 + X + 1)$$

となる．特殊な場合として

$$x = 0 \;\Rightarrow\; y = 0 \text{ または } y = 1$$
$$x = 1 \;\Rightarrow\; y = 0 \text{ または } y = 1$$

の 4 個は考えている方程式の解である．以下，$x \neq 0, 1$ の場合を考えればよい．

$$\sigma : \alpha \mapsto \alpha^2$$

は $\mathbf{F}_{2^3}$ の $\mathbf{F}_2$ 上の自己同型写像であり，$Gal(\mathbf{F}_{2^3}/\mathbf{F}_2) = \langle \sigma \rangle$ となる．

$\mathbf{F}_{2^3}$ 上の解 (x, y) が存在したとする．左辺のトレースをとれば

$$\mathrm{Tr}(y^2 + y) = \mathrm{Tr}(y^\sigma + y) = (\mathrm{Tr}y)^\sigma + \mathrm{Tr}y = 2\mathrm{Tr}y = 0.$$

よって，解があれば右辺の Tr は 0 とならねばならない．$x^3 + x + 1 = 0$ のとき，この式を満たす x は 3 個存在する．また，このとき

$$\begin{aligned}\mathrm{Tr}(x^7 + x^3) &= 1 + \mathrm{Tr}x^3 = 1 + x^3 + x^6 + x^{12} \\ &= 1 + x^3 + x^6 + x^5 \\ &= (x^3 + x + 1)(x^3 + x^2 + x + 1) = 0.\end{aligned}$$

よって，系 3.3.15 より $x^7 + x^3 = \beta - \beta^\sigma = \beta + \beta^\sigma$ となるような $\beta \in \mathbf{F}_{2^3}$ が存在する．ゆえに，このような x に対して $y = \beta, \beta + 1$ は解になる．$x^3 + x^2 + 1 = 0$ のとき，

$$\mathrm{Tr}(x^7 + x^3) = 1 + \mathrm{Tr}x^3 = 1 + x^3(x^3 + x^2 + 1) = 1.$$

したがって，このとき解は存在しない．以上から求める解の数は $4 + 3 \times 2 = 10$ である．

3.4 クンマー拡大

2.6 節において，巡回クンマー拡大の概念を扱った．本節では，この概念を一般化する．

定義 3.4.1 F を 1 の原始 m 乗根 ζ を含む体とし，E/F をアーベル拡大とする．任意の $\sigma \in Gal(E/F)$ に対し $\sigma^m = e$（単位元）が成立するとき E/F を **m-クンマー拡大** (m-Kummer extension) という．

有限アーベル群 G とその指標群の関係を調べておこう．

定義 3.4.2 アーベル群 G の位数を n とする．
$$X(G) = \mathrm{Hom}(G, \mathbf{Z}/n\mathbf{Z})$$
とおき，$X(G)$ を G の**指標群** (character group) という．

注意 3.4.3 G は位数 n のアーベル群であるから，$X(G)$ の元は群に対して一般的に定義される指標になることがわかる．

補題 3.4.4 $X(G) \cong G.$

証明 G が位数 m の巡回群のとき，その生成元を x とする．指標 χ は整数 k によって
$$x \mapsto k$$
で与えられ，この対応は $k \bmod m$ によって決まる．したがって，
$$X(G) \cong \mathbf{Z}/m\mathbf{Z} \cong \langle x \rangle = G$$
となる．一般の場合は有限生成アーベル群の基本定理と有限アーベル群 G_1, G_2 に対し

$$X(G_1) \times X(G_2) \longrightarrow X(G_1 \times G_2)$$

が同型写像であることからしたがう. ∎

G の部分群 H に対し H の**零化部分群**を

$$H^\perp = \{\chi \in X(G) \mid \chi(a) = 0, \forall a \in H\}$$

によって定義する. また, 指標群 $X(G)$ の部分群 Y に対し Y の零化部分群を

$$Y^\perp = \{a \in G \mid \chi(a) = 0, \forall \chi \in Y\}$$

によって定義する.

補題 3.4.5 G の部分群と指標群 $X(G)$ の部分群には次のような互いに逆写像となる 1 対 1 対応が存在する.

$$\begin{array}{ccc} \{H \text{ の部分群}\} & \leftrightarrow & \{X(G) \text{ の部分群}\} \\ H & \mapsto & H^\perp \\ Y^\perp & \leftarrow\!\shortmid & Y \end{array}$$

証明 G の部分群 H に対し, $H^\perp$ は G/H の指標を与える. また, G/H の指標は G の指標で H 上で 0 になるものにほかならないから $H^\perp = X(G/H)$ となる. ゆえに $G/H \cong X(G/H)$ から $|H| = |G|/|H^\perp|$ となる. $H^\perp$ からはじめて同様にして $|(H^\perp)^\perp| = |G|/|H^\perp|$ を得る. ゆえに, $|H| = |(H^\perp)^\perp|$ となる. 他方, 定義から $(H^\perp)^\perp \supset H$ であるから, $(H^\perp)^\perp = H$ を得る. $X(G)$ の部分群からはじめても同様である. ∎

以下, F を 1 の原始 m 乗根 ζ を含む体とし, E/F をアーベル拡大, そのガロア群を $Gal(E/F) = G$ とおく. 乗法群 $E^* = E \setminus \{0\}$ に対し, $(E^*)^m = \{a^m \mid a \in E^*\}$ とおく. このとき, E/F が m-クンマー拡大ならば F が 1 の m 乗根をすべて含むことから

$$X(G) = \mathrm{Hom}(G, \mathbf{Z}/|G|\mathbf{Z}) \cong \mathrm{Hom}(G, \mathbf{Z}/m\mathbf{Z}) \cong \mathrm{Hom}(G, F^*)$$

となる. 本節では, 以下 $X(G) = \mathrm{Hom}(G, F^*)$ とみて, $X(G)$ を乗法群として扱う.

定理 3.4.6 E/F を有限次 m-クンマー拡大とし,

$$\mathcal{E} = (E^*)^m \cap F^*$$

とおく. このとき, ガロア群 $Gal(E/F) = G$ は

$$G \cong X(G) \cong \mathcal{E}/(F^*)^m$$

で与えられる.

証明 $a \in \mathcal{E}$ をとる. このとき, $\alpha \in E^*$ で $a = \alpha^m$ となるものが存在し, $X^m - a = 0$ の根全体は $\{\zeta^i \alpha \mid i = 0, 1, \cdots, m-1\}$ となる. $\sigma \in G$ に対し $\sigma(\alpha) = \zeta^s \alpha \, (0 \leq s \leq m-1)$ とする. このとき,

$$\sigma(\zeta^i \alpha) = \zeta^i \sigma(\alpha) = \zeta^i \zeta^s \alpha = \zeta^s(\zeta^i \alpha)$$

であるから, s は $X^m - a = 0$ の根のとり方によらない. これを用いて $\chi_a(\sigma) = \zeta^s$ とおく. まず, $\chi_a \in X(G)$ となることを示そう. $\tau \in G$ に対し $\tau(\alpha) = \zeta^t \alpha$ とすると,

$$\sigma\tau(\alpha) = \sigma(\zeta^t \alpha) = \zeta^t \sigma(\alpha) = \zeta^{t+s} \alpha$$

ゆえに $\chi_a(\sigma\tau) = \zeta^{t+s} = \chi_a(\sigma)\chi_a(\tau)$, すなわち $\chi_a \in X(G)$ となる. これを用いて, 写像

$$\begin{array}{rcl} \varphi : \mathcal{E} & \longrightarrow & X(G) \\ a & \mapsto & \chi_a \end{array}$$

を考える. $a, b \in \mathcal{E}$ をとれば, $\alpha, \beta \in E^*$ が存在して $a = \alpha^m, b = \beta^m$ と書ける. このとき, $ab = (\alpha\beta)^m$ となり,

$$\sigma(\alpha) = \zeta^s \alpha, \ \sigma(\beta) = \zeta^t \beta$$

とすれば, $\sigma(\alpha\beta) = \zeta^{s+t}\alpha\beta$ を得る. ゆえに

$$\chi_{ab}(\sigma) = \zeta^{s+t} = \chi_a(\sigma)\chi_b(\sigma)$$

となるから, $\chi_{ab} = \chi_a \chi_b$ を得るが, これは φ が群の準同型写像であることを示している. 最後に, φ の核と像を計算しよう.

まず，$\operatorname{Ker}\varphi = (F^*)^m$ であることを示す．$a \in \mathcal{E}$ をとる．このとき，$\alpha \in E^*$ で $a = \alpha^m$ となるものが存在するが，$\varphi(a) = \chi_a = id$（恒等写像）ならば，任意の $\sigma \in G$ に対し，$\sigma(\alpha) = \alpha$ となる．ゆえに $\alpha \in F^*$ であるから $a \in (F^*)^m$ となる．ゆえに $\operatorname{Ker}\varphi = (F^*)^m$ である．次に，φ が全射であることを示す．任意の $\chi \in X(G)$ をとる．ヒルベルトの定理 90（定理 3.3.7）の系 3.3.8 より $\alpha \in E^*$ が存在して，任意の $\sigma \in G$ に対して $\chi(\sigma) = \alpha^\sigma/\alpha$ となる．このとき
$$1 = \chi(\sigma^m) = \chi(\sigma)^m = (\alpha^m)^\sigma/\alpha^m, \quad \forall \sigma \in G.$$
ゆえに $(\alpha^m)^\sigma = \alpha^m$ だから $\alpha^m \in F^* \cap (E^*)^m = \mathcal{E}$ となる．$a = \alpha^m$ とおけば，この a に対し
$$\chi_a(\sigma) = \alpha^\sigma/\alpha = \chi(\sigma)$$
が任意の $\sigma \in G$ に対して成り立つ．ゆえに $\chi_a = \chi$ であり，φ は全射となる．以上から $X(G) \cong \mathcal{E}/(F^*)^m$ を得る． ∎

定理 3.4.7 E/F を代数的拡大とし，F の標数が $p > 0$ のときは $(m,p) = 1$ を仮定する．F は 1 の原始 m 乗根 ζ を含むとする．このとき，次は同値である．
  (i) E/F は有限次 m-クンマー拡大である．
  (ii) E は $(X^m - a_1)\cdots(X^m - a_r)$ $(a_i \in F^*, i = 1,\cdots,r)$ の形の多項式の最小分解体，すなわち $E = F(\sqrt[m]{a_1},\cdots,\sqrt[m]{a_r})$ である．

証明 (i) ⇒ (ii)：$G = \operatorname{Gal}(E/F)$ とおくと，定理 3.4.6 を用いれば，$X(G)$ の元は χ_a $(a \in \mathcal{E})$ の形である．群 $X(G)$ の生成元を $\chi_{a_1},\cdots,\chi_{a_r}$ $(\alpha_1^m = a_1,\cdots,\alpha_r^m = a_r, \exists \alpha_i \in E^*)$ とする．$f(X) = (X^m - a_1)\cdots(X^m - a_r)$ の F 上の最小分解体を E とする．このとき，
$$K = F(\sqrt[m]{a_1},\cdots,\sqrt[m]{a_r}) = F(\alpha_1,\cdots,\alpha_r) \subset E$$
となる．K に対応する G の部分群を H とする．$H \ni \sigma$ に対し，$\alpha_i^\sigma = \alpha_i$ だから，
$$\chi_{a_i}(\sigma) = \alpha_i^\sigma/\alpha_i = 1 \quad (i = 1,\cdots,r)$$
となる．$\chi_{a_1},\cdots,\chi_{a_r}$ は $X(G)$ の生成元だから，$X(G) = \operatorname{Hom}(G, F^*)$ の任意の元 χ に対し $\chi(\sigma) = 1$ となる．ゆえに $\sigma = e$（単位元）となり $H = \{e\}$ を

得る.したがって,$F(\sqrt[m]{a_1}, \cdots, \sqrt[m]{a_r}) = K = E$ となる.

(ii) $\Rightarrow$ (i):(ii) の多項式は分離的だから E/F はガロア拡大である.任意の $\sigma \in G = Gal(E/F)$ をとる.

$$\sigma(\sqrt[m]{a_i}) = \zeta^{s_i} \sqrt[m]{a_i}$$

によって s_i が $\bmod m$ で決まる.これにより次の写像が得られる.

$$\begin{array}{rccc} \varphi: & G & \longrightarrow & \mathbf{Z}/m\mathbf{Z} \times \cdots \times \mathbf{Z}/m\mathbf{Z} \\ & \sigma & \mapsto & (s_1, s_2, \cdots, s_r) \end{array}$$

これは定理 3.4.6 と同様にして準同型写像になる.$\mathrm{Ker}\,\varphi \ni \sigma$ とすれば,$\sigma(\sqrt[m]{a_i}) = \sqrt[m]{a_i}$ $(i = 1, \cdots, r)$ だから σ は E 上の恒等写像になる.ゆえに φ は単射となり,

$$G \hookrightarrow \mathbf{Z}/m\mathbf{Z} \times \cdots \times \mathbf{Z}/m\mathbf{Z}$$

を得る.よって,G はアーベル群で,任意の $\sigma \in G$ に対し $\sigma^m = e$ となる.
∎

F を 1 の原始 m 乗根を含む体とする.乗法群 F^* の部分群で $(F^*)^m$ を含むようなものを一般に $\mathcal{E}$ と書く.

$$\Phi = \{E/F \mid E \text{ は } F \text{ の有限次 } m\text{-クンマー拡大 }\},$$
$$\Gamma = \{\mathcal{E}/(F^*)^m \mid \mathcal{E}/(F^*)^m \subset F^*/(F^*)^m \text{ 有限部分群 }\}$$

とおく.このとき次の定理が成り立つ.

定理 3.4.8 上記の記号の下に,集合 Φ, Γ には次のような 1 対 1 対応がある.

$$\begin{array}{ccc} \Phi & \leftrightarrow & \Gamma \\ E & \mapsto & \{(E^*)^m \cap F^*\}/(F^*)^m \\ F(\sqrt[m]{a} \mid \forall a \in \mathcal{E}) & \leftarrow\!\shortmid & \mathcal{E}/(F^*)^m \end{array}$$

この対応は m-クンマー拡大 E/F にそのガロア群の指標群 $X(Gal(E/F))$ を対応させる写像になっている.

証明 E を m-クンマー拡大とする．定理 3.4.7 より，$E = F(\sqrt[m]{a_1}, \cdots, \sqrt[m]{a_r})$ ($a_i \in F^*$) の形である．$\mathcal{E} = (E^*)^m \cap F^*$ とおいて，$E' = F(\sqrt[m]{a} \mid \forall a \in \mathcal{E})$ を考える．$E \supset E'$ は定義から明らかである．他方，$a_i \in \mathcal{E}$ ($i = 1, \cdots, r$) であるから，$\sqrt[m]{a_i} \in E'$ となり，したがって $E \subset E'$ を得るから $E = E'$ となる．

逆に，$\mathcal{E}$ に対しそれに対応する体 $E = F(\sqrt[m]{a} \mid \forall a \in \mathcal{E})$ を考える．$\mathcal{E}/(F^*)^m$ の生成系 $\bar{a}_1, \cdots, \bar{a}_r$ をとり，$\mathcal{E}$ におけるそれらの代表元を $a_1, \cdots, a_r$ とすれば，

$$E = F(\sqrt[m]{a_1}, \cdots, \sqrt[m]{a_r}) \quad (a_i \in F^*)$$

であり，E/F は有限次 m-クンマー拡大である．$\mathcal{E}' = (E^*)^m \cap F^*$ とおくと，定義から $\mathcal{E}' \supset \mathcal{E}$ となる．また，$X(Gal(E/F)) \cong \mathcal{E}'/(F^*)^m$ である．$\{\chi_a \mid a \in \mathcal{E}\}$ によって生成される $X(Gal(E/F))$ の部分群を Y とする．任意の $\sigma \in Y^\perp$ をとれば，任意の $a \in Y$ に対して，

$$1 = \chi_a(\sigma) = (\sqrt[m]{a})^\sigma/(\sqrt[m]{a})$$

だから，σ は E の上で恒等写像である．ゆえに，$\sigma = e$（単位元）となり $Y^\perp = \{e\}$ となる．ゆえに，補題 3.4.5 より $Y = X(Gal(E/F))$ となり $\mathcal{E}' = \mathcal{E}$ を得る．以上から，定理の対応は互いに逆の 1 対 1 対応であることが証明された．

後半は定理 3.4.6 からしたがう． ∎

3.5 アルティン・シュライアー拡大とヴィットの理論

最後に，正標数におけるガロア拡大でガロア群が標数 p のあるべき乗で消えるような拡大についての一般論を解説する．これは，いわばクンマー拡大の加法版である．まず，その特殊な場合であるアルティン・シュライアー拡大の解説を行う．

F を標数 $p > 0$ の体とし，写像

$$\wp : F \longrightarrow F$$
$$a \longmapsto a^p - a$$

を考える．$\wp$ は加法群の準同型写像であり

$$\mathrm{Ker}\,\wp = \mathbf{F}_p$$

である.$\wp$ は代数的閉包 $\bar{F}$ から $\bar{F}$ への準同型写像

$$\begin{array}{rccc}\wp: & \bar{F} & \longrightarrow & \bar{F} \\ & a & \mapsto & a^p - a\end{array}$$

に延長できる.$a \in F$ に対し $\wp(\alpha) = a$ となる $\alpha \in \bar{F}$ の 1 つを $\frac{1}{\wp}a$ と書けば,$\wp(\alpha) = a$ となるすべての元は

$$\frac{1}{\wp}a, \frac{1}{\wp}a+1, \frac{1}{\wp}a+2, \cdots, \frac{1}{\wp}a+(p-1)$$

で与えられる.

定義 3.5.1 標数 $p > 0$ の体 F のガロア拡大 E/F のガロア群が $\mathbf{Z}/p\mathbf{Z}$ のいくつかの直積と同型であるとき,E/F を**アルティン・シュライアー拡大** (Artin-Schreier extension) という.とくに,ガロア拡大 E/F のガロア群が $\mathbf{Z}/p\mathbf{Z}$ と同型であるとき,E/F を**巡回アルティン・シュライアー拡大** (cyclic Artin-Schreier extension) という.

まず,巡回アルティン・シュライアー拡大の構造を調べよう.

補題 3.5.2 $a \in F$ に対し,多項式 $X^p - X - a$ は,既約であるか,1 次式の積に分解するかのいずれかである.

証明 F の代数的閉包 $\bar{F}$ における $X^p - X - a = 0$ の 1 根を α とする.対応 $\sigma: \alpha \mapsto \alpha + 1$ は根の置換を引き起こすから,$X^p - X - a$ の F 上の既約因子を $g(X)$ とすると,自然数 i があって任意の既約因子は $g(X + i)$ と書ける.したがって,既約因子の次数は相等しい.多項式 $X^p - X - a = 0$ の次数は素数 p だから,既約因子の次数は p または 1 となる. ∎

定理 3.5.3 体の拡大 E/F が巡回アルティン・シュライアー拡大になるための必要十分条件は,適当な $a \in F$ が存在して E が F 上の既約多項式 $X^p - X - a$ の最小分解体になることである.

証明 E が既約多項式 $X^p - X - a$ $(a \in F)$ の最小分解体であるとする. $X^p - X - a = 0$ の 1 根を α とする. すべての根は

$$\alpha, \alpha+1, \alpha+2, \cdots, \alpha+p-1,$$

で与えられる. よって, $E = F(\alpha)$ であり, 拡大次数 $[E:F] = p$ となる. E の F 上の自己同型写像

$$\begin{array}{rccc}\sigma: & E & \longrightarrow & E \\ & \alpha & \mapsto & \alpha+1\end{array}$$

は位数 p であるから $Gal(E/F) = \langle \sigma \rangle \cong \mathbf{Z}/p\mathbf{Z}$ となり, E/F は巡回アルティン・シュライアー拡大になる.

逆に, E/F が巡回アルティン・シュライアー拡大とする. $Gal(E/F) \cong \mathbf{Z}/p\mathbf{Z}$ の生成元を σ とすれば, $\mathrm{Tr}_{E/F}(1) = 0$ を用いて, 系 3.3.15 より, $\alpha \in E$ が存在して

$$1 = \sigma(\alpha) - \alpha$$

となる. 拡大次数 $[E:F] = p$ は素数だから, $E = F(\alpha)$ となる. $a = \alpha^p - \alpha$ とおけば, a は σ で不変だから $a \in F$ を得る. ゆえに α は F 上の既約多項式 $X^p - X - a$ の零点となり, E は F 上の既約多項式 $X^p - X - a$ の最小分解体となる. ∎

定義 3.5.4 アルティン・シュライアー拡大 E/F に対し,

$$X(Gal(E/F)) = \mathrm{Hom}(Gal(E/F), \mathbf{Z}/p\mathbf{Z})$$

と定義する.

定理 3.5.5 アルティン・シュライアー拡大 E/F に対し,

$$Gal(E/F) \cong X(Gal(E/F)) \cong (\wp(E) \cap F)/\wp(F).$$

証明 アルティン・シュライアー拡大の定義から $Gal(E/F)$ は $\mathbf{Z}/p\mathbf{Z}$ のいくつかの直積と同型だから, $X(Gal(E/F)) \cong Gal(E/F)$ は明らか.

$a \in F$ をとる. 方程式 $X^p - X = a$ の代数的閉包 $\bar{F}$ における 1 根を α と

する.このとき,すべての根は

$$\alpha, \alpha+1, \alpha+2, \cdots, \alpha+p-1,$$

で与えられるから,$Gal(E/F) \ni \sigma$ に対し自然数 i が存在して

$$\sigma(\alpha) = \alpha + i$$

となる.i は根 α の選び方によらず,σ のみによって決まる.a に対して $\sigma \mapsto i$ を対応させることによって写像

$$\varphi : F \longrightarrow X(Gal(E/F))$$

を得るが,φ が群の全射準同型写像になり,$\operatorname{Ker}\varphi = \wp(F)$ となることは,クンマー拡大の場合と同様に証明できる. ∎

系 3.5.6 体の拡大 E/F がアルティン・シュライアー拡大になるための必要十分条件は,E が多項式

$$(X^p - X - a_1)(X^p - X - a_2) \cdots (X^p - X - a_r),$$
$$(a_1, a_2, \cdots, a_r \in F)$$

の最小分解体になることである.このとき,

$$E = F\left(\frac{1}{\wp}a_1, \frac{1}{\wp}a_2, \cdots, \frac{1}{\wp}a_r\right)$$

となる.

証明 定理 3.5.3 と補題 3.5.2 からしたがう. ∎

定理 3.5.7 F を標数 $p > 0$ の体とする.加法群 F の部分群で $\wp(F)$ を含むものを一般的に $\mathcal{E}$ と書く.このとき,F の有限次アルティン・シュライアー拡大 E と,加法群 $F/\wp(F)$ の有限部分群は次の対応によって 1 対 1 に対応する.

$\{F \text{ の有限次アルティン・シュライアー拡大}\} \leftrightarrow \{F/\wp(F) \text{ の有限部分群}\}$

$$E \mapsto (\wp(E) \cap F)/\wp(F)$$

$$E = F\left(\frac{1}{\wp}a \;\middle|\; a \in \mathcal{E}\right) \leftarrow \mathcal{E}/\wp(F)$$

証明 E/F を有限次アルティン・シュライアー拡大とする.系 3.5.6 より,
$$E = F\Big(\frac{1}{\wp}a_1, \frac{1}{\wp}a_2, \cdots, \frac{1}{\wp}a_r\Big),$$
$$\exists a_1, a_2, \cdots, a_r \in F$$

の形となる. $\mathcal{E} = \wp(E) \cap F$ とおいて,
$$E' = F\Big(\frac{1}{\wp}a \,\Big|\, a \in \mathcal{E}\Big)$$

を考える.$E \supset E'$ は定義から明らかである.他方,$a_i \in \mathcal{E}$ ($i = 1, \cdots, r$) であるから,$\frac{1}{\wp}a_i \in E'$ となり,したがって $E \subset E'$ を得るから,$E = E'$ となる.

逆に,$\mathcal{E}$ に対しそれに対応する体 $E = F(\frac{1}{\wp}a \mid a \in \mathcal{E})$ を考える.$\mathcal{E}/\wp(F)$ の生成系 $\bar{a}_1, \cdots, \bar{a}_r$ をとり,$\mathcal{E}$ におけるそれらの代表元を $a_1, \cdots, a_r$ とすれば,
$$E = F\Big(\frac{1}{\wp}a_1, \cdots, \frac{1}{\wp}a_r\Big)$$

であり,E/F は有限次アルティン・シュライアー拡大である.$\mathcal{E}' = \wp(E) \cap F$ とおくと,定義から明らかに $\mathcal{E}' \supset \mathcal{E}$ となる.$X(Gal(E/F)) \cong \mathcal{E}'/\wp(F)$ である.$\{\chi_a \mid a \in \mathcal{E}\}$ によって生成される $X(Gal(E/F))$ の部分群を Y とする.任意の $\sigma \in Y^\perp$ をとれば,任意の $a \in Y$ に対して,
$$0 = \chi_a(\sigma) = \Big(\frac{1}{\wp}a\Big)^\sigma - \frac{1}{\wp}a$$

だから,σ は E の上で恒等写像である.ゆえに,$\sigma = e$(単位元)となり $Y^\perp = \{e\}$ となる.ゆえに,補題 3.4.5 より $Y = X(Gal(E/F))$ となる.したがって,$\mathcal{E}' = \mathcal{E}$ を得る.以上から,定理の対応は互いに逆の 1 対 1 対応であることが証明された. ∎

以上はガロア群の指数が p の場合の理論であった.ガロア群の指数が p べきの場合には,理論は体の加法群の範囲内では収まらず,ヴィット環が必要となる.理論の大要を証明なしで紹介しておこう.証明はクンマー拡大やアルティン・シュライアー拡大の場合と同様である.n を自然数,F を体として,
$$W_n(F) = \{(a_0, a_1, \cdots, a_{n-1}) \mid a_i \in F \;(i = 0, 1, \cdots, n-1)\}$$

とおく. x_i ($i = 0, 1, \cdots, n-1$) を変数とし,

$$x^{(i)} = x_0^{p^i} + p x_1^{p^{i-1}} + \cdots + p^i x_i$$

とおく．変数 y_i, z_i $(i = 0, 1, \cdots, n-1)$ に対しても $y^{(i)}, z^{(i)}$ を同様に定義する．連立方程式

$$z^{(i)} = x^{(i)} + y^{(i)} \quad (i = 0, 1, \cdots, n-1)$$

を有理数体 **Q** 上の連立方程式と考えれば，x_i, y_i $(i = 0, 1, \cdots, n-1)$ の整数係数の多項式 $f_i(x_0, \cdots, x_i, y_0, \cdots, y_i)$ が存在して z_i は

$$z_i = f_i(x_0, \cdots, x_i, y_0, \cdots, y_i)$$

と解ける．たとえば，

$$z_0 = x_0 + y_0,$$
$$z_1 = x_1 + y_1 - (1/p)\{(x_0 + y_0)^p - x_0^p - y_0^p\}$$

となる．これらは **Z** 係数の多項式である．また，連立方程式

$$z^{(i)} = x^{(i)} y^{(i)} \quad (i = 0, 1, \cdots, n-1)$$

を有理数体 **Q** 上の連立方程式と考えれば，x_i, y_i $(i = 0, 1, \cdots, n-1)$ の整数係数の多項式 $g_i(x_0, \cdots, x_i, y_0, \cdots, y_i)$ が存在して z_i は

$$z_i = g_i(x_0, \cdots, x_i, y_0, \cdots, y_i)$$

と解ける．これら整数係数の多項式を $\mathrm{mod}\, p$ で考えて $\mathbf{F}_p$ 上の多項式とみたものを $\bar{f}_i(x_0, \cdots, x_i, y_0, \cdots, y_i)$, $\bar{g}_i(x_0, \cdots, x_i, y_0, \cdots, y_i)$ と書き，$W_n(F)$ の 2 元 $a = (a_0, a_1, \cdots, a_{n-1})$, $b = (b_0, b_1, \cdots, b_{n-1})$ の和と積を

$$a + b = (\bar{f}_0(a_0, b_0), \cdots, \bar{f}_{n-1}(a_0, \cdots, a_{n-1}, b_0, \cdots, b_{n-1})),$$
$$ab = (\bar{g}_0(a_0, b_0), \cdots, \bar{g}_{n-1}(a_0, \cdots, a_{n-1}, b_0, \cdots, b_{n-1}))$$

と定義する．この和と積によって，$W_n(F)$ は環になる．この環を長さ n の**ヴィット環** (truncated Witt ring) といい，その元を長さ n の**ヴィット・ベクトル** (Witt vector) という．この環の上には**フロベニウス写像 F** が

$$\mathbf{F} : (a_0, \cdots, a_{n-1}) \mapsto (a_0^p, \cdots, a_{n-1}^p)$$

によって定義される．フロベニウス写像は環の準同型写像である．これを用いて

$$\begin{array}{rccc} \wp: & W_n(F) & \longrightarrow & W_n(F) \\ & a & \mapsto & \mathbf{F}(a) - a \end{array}$$

と定義すれば，これは加法群としての準同型写像になる．また，$W_n(F) \ni a$ に対し，$\wp(a) = 0$ であるための必要十分条件は $a \in W_n(\mathbf{F}_p)$ となることである．したがって，$W_n(F) \ni a$ に対し $\wp(\alpha) = a$ の解は $W_n(\mathbf{F}_p)$ の元の分の差があるだけである．ゆえに，解の 1 つを $(\alpha_0, \cdots, \alpha_{n-1})$ とすれば，F の拡大体 $F(\alpha_0, \cdots, \alpha_{n-1})$ は解のとり方によらず決まる．そこでこの体を $F(\frac{1}{\wp}a)$ と書く．この記号の下に，クンマー拡大やアルティン・シュライアー拡大の場合と類似の次の 2 つの定理が成立する．

定理 3.5.8　F を標数 $p > 0$ の体，E/F を体の拡大，n を自然数とする．上記記号の下に，E/F が p^n 次巡回拡大であるための必要十分条件は，ヴィット・ベクトル $a \in W_n(F)$ で，a の第 1 成分 $\alpha_0 \notin \wp(F)$ となるものが存在して $E = F(\frac{1}{\wp}a)$ となることである．

定理 3.5.9　F を標数 $p > 0$ の体とする．加法群 $W_n(F)$ の部分群で $\wp(W_n(F))$ を含むものを一般的に $\mathcal{E}$ と書く．このとき，加法群 $W_n(F)/\wp(W_n(F))$ の有限部分群と F の指数 p^n のアーベル拡大体 E は

$$\mathcal{E}/\wp(F) \mapsto E = F\Big(\frac{1}{\wp}a \,\Big|\, a \in \mathcal{E}\Big)$$

によって 1 対 1 に対応する．

章末問題

(1) 次のガロア拡大の正規底を求めよ．
  (i) $\mathbf{Q}(\sqrt{2})/\mathbf{Q}$
  (ii) ω を 1 の原始 3 乗根とするとき，$\mathbf{Q}(\sqrt[3]{2},\omega)/\mathbf{Q}$
  (iii) ζ を 1 の原始 7 乗根とするとき，$\mathbf{Q}(\zeta)/\mathbf{Q}$
(2) 有限体 $\mathbf{F}_3$ 上の多項式 $f(X) = X^3 - X + 1$ は既約であることを示せ．$f(X) = 0$ の 1 根を α とするとき，ガロア拡大 $\mathbf{F}_3(\alpha)/\mathbf{F}_3$ の正規底を求めよ．
(3) E/F を有限次ガロア拡大，$\alpha \in E$ に対し $\{\alpha^\sigma \mid \sigma \in Gal(E/F)\}$ が正規底であるとする．M を中間体とすれば，$M = F(\mathrm{Tr}_{E/M}(\alpha))$ となることを示せ．
(4) ガロア拡大 E/F のガロア群を G とするとき，ガロア・コホモロジー $H^n(G, E) = 0$ $(n \geq 1)$ となることを示せ．
(5) p, q, r を相異なる素数とするとき，$\mathbf{Q}(\sqrt{p}, \sqrt{q}, \sqrt{r})/\mathbf{Q}$ のガロア群を求めよ．
(6) 体の拡大 $\mathbf{Q}(\zeta_{15}, \sqrt[3]{2}, \sqrt[5]{3})/\mathbf{Q}(\zeta_{15})$ はガロア拡大であることを示し，そのガロア群を求めよ．ここに，ζ_{15} は 1 の原始 15 乗根である．
(7) 有限体 $\mathbf{F}_7$ 上の方程式 $X^7 - X + 1 = 0$ の $\mathbf{F}_7$ の代数的閉包 $\overline{\mathbf{F}}_7$ における 1 根を α とする．体の拡大 $\mathbf{F}_7(\alpha)/\mathbf{F}_7$ はガロア拡大であることを示し，そのガロア群を求めよ．
(8) p を素数とするとき，ガロア群が $\mathbf{Z}/p^2\mathbf{Z}$ と同型になるようなガロア拡大の例を構成せよ．
(9) ヴィット環の演算を定義するための多項式

$$f_i(x_0, \cdots, x_i, y_0, \cdots, y_i), \ g_i(x_0, \cdots, x_i, y_0, \cdots, y_i)$$

は整数係数の多項式になることを示せ．
(10) $W_n(\mathbf{F}_p) \cong \mathbf{Z}/p^n\mathbf{Z}$ であることを示せ．

問題の略解

第1章

(1) $R \ni x$ を 0 でない任意の元とする．$\dim_F R = n$ とする．R の $n+1$ 個以上の元は F 上線形従属だから，$1, x, x^2, \cdots, x^n$ は線形従属．$a_0, a_1, \cdots, a_n \in F$ が存在して $a_0 + a_1 x + \cdots + a_n x^n = 0$ となる．$a_0 = a_1 = \cdots = a_{i-1} = 0, a_i \neq 0$ とする．R は整域だから，このとき，$-a_i = x(a_{i+1} + a_{i+2} x + \cdots + a_n x^{n-i-1})$ より，x は可逆元となる．

(2) E の自己同型写像全体のなす群を G とし，G で不変な P の元全体を P^G とすれば，P^G は体となり $P \supset P^G$ となる．P は素体だから最小の部分体であり $P = P^G$ となる．よって，G の元は P 上の自己同型写像．

(3) F は体だから，任意の自然数 n に対し方程式 $X^n - 1 = 0$ の根は n 個以下ゆえ，乗法群 F^* の位数 n の元は n 個以下．よって，F^* の有限部分群は巡回群となる．

(4) $\mathbf{Q}(\sqrt{2})$ と同型な体．

(5) $f(X) = 0$ が相異なる 2 実根 α, β を持つとき，$\mathbf{R} \oplus \mathbf{R}$ と同型で体でない．$f(X) = 0$ が実根 α を重根に持つとき，$\mathbf{R}[X]/(X - \alpha)^2$ と同型で体でない．$f(X) = 0$ が実根を持たないとき，1 根を α とすると，$\mathbf{R}(\alpha)$ と同型で体．

(6) $f(X) = (X - \alpha_1)^{n_1} \cdots (X - \alpha_i)^{n_i}$（だだし $n = n_1 + \cdots + n_i$）と因数分解できたとすると
$$\mathbf{C}[X]/(X - \alpha_1)^{n_1} \oplus \cdots \oplus \mathbf{C}[X]/(X - \alpha_i)^{n_i}$$
であり，体になるための必要十分条件は $n = 1$．

(7) $0, 1$ の剰余類で生成され，有限体 $\mathbf{F}_2$ と同型．

(8) F が無限体ならば，条件から $f(X) - g(X) = 0$ は無限個の根を持つから恒等的に $f(X) = g(X)$．F が有限体なら $f(X) = g(X)$ とは限らない．

(9) 略．

(10) (i) 既約．(ii) $(X + 1)^3$．(iii) $(X + 1)^2(X^2 + X + 1)^2$．

(11) (i) $(X - 1)^2$．(ii) $(X + 1)(X^2 - X + 2)$．(iii) $(X + 1)^4$．

(12) 拡大の次数 $[F(\alpha,\beta) : F] = [F(\alpha,\beta) : F(\alpha)][F(\alpha) : F] = [F(\alpha,\beta) : F(\beta)][F(\beta) : F]$. $f(X), g(X)$ は F 上既約だから，$\deg f = [F(\alpha) : F]$, $\deg g = [F(\beta) : F]$. よって，f が $F(\beta)$ 上既約であること，$[F(\alpha,\beta) : F(\beta)] = \deg f$，$[F(\alpha,\beta) : F(\alpha)] = \deg g$, g が $F(\alpha)$ 上既約であること，の 4 つの条件が同値となる．

(13) $f(g(X)) = 0$ の任意の 1 根を α とする．f は F 上既約だから，$\deg f = [F(g(\alpha)) : F]$. また，$\alpha$ の最小多項式である $f(g(X))$ の既約因子の次数は $[F(\alpha) : F]$ に等しい．$F(\alpha) \supset F(g(\alpha))$ だから，$[F(g(\alpha)) : F]$ は $[F(\alpha) : F]$ の約数．

(14) $a \in K^p$ なら，$b \in K$ があって $a = b^p$. よって，$X^p - b^p = (X - b)^p$ だから既約ではない．逆に，$X^p - a$ が K 上既約ではないとする．K の代数的閉包 $\bar{K}$ において $X^p - a = (X - \sqrt[p]{a})^p$ と分解するから，既約因子は $1 \leq i < p$ なる自然数 i があって，$(X - \sqrt[p]{a})^i$ の形である．このとき X^{i-1} の係数 $-i\sqrt[p]{a} \in K$ である．ゆえに $\sqrt[p]{a} \in K$ となり $a \in K^p$ となる．

(15) D を $\mathbf{R}$ 上の有限次元多元体とする．D が可換ならば代数的閉包の一意性から，D は $\mathbf{R}$ か $\mathbf{C}$ である．D が非可換であるとする．$a \in D, a \notin \mathbf{R}$ をとる．$\mathbf{R}[a]$ は整域であり，$\mathbf{R}$ 上有限次元のベクトル空間だから，問題 (1) より体．ゆえに $\mathbf{R}[a] \cong \mathbf{C}$. ゆえに D の任意の元は $\mathbf{R}$ 上 2 次で，とくに $u^2 = -1$ となるような $\mathbf{R}[a]$ の元 u が存在し，$\mathbf{R}[a] = \mathbf{R} + \mathbf{R}u$. D は非可換だから $D \neq \mathbf{R}[a]$ で，$v \notin \mathbf{R}[a]$ となる元 $v \in D$ が存在する．先と同様にして $v^2 = -1$ としてよい．容易に示せるように $1, u, v, uv$ は $\mathbf{R}$ 上線形独立．$uv, u + v \in D$ は $\mathbf{R}$ 上の 2 次式 $(uv)^2 + 2a(uv) + b = 0, (u+v)^2 + c(u+v) + d = 0$ を満たす．これらの式を整理して線形独立性を考えれば，$b = 1, c = 0, d = 2(a+1)$ を得る．すなわち，$(uv)^2 + 2a(uv) + 1 = 0, uv + vu = -2a$ が成り立つ．$X^2 + 2aX + 1 = 0$ が実根を持てば，$uv \in \mathbf{R}$ となって矛盾だから，この方程式は虚根を持ち，$a^2 < 1$. $D \neq \mathbf{R} + \mathbf{R}u + \mathbf{R}v + \mathbf{R}uv$ とすれば $w^2 = -1$ で右辺に属さない元 $w \in D$ が存在する．このとき，$1, u, v, uv, w, uw, vw, uvw$ は $\mathbf{R}$ 上線形独立．先と同様にして，$e, f \in \mathbf{R}$ が存在して $uw + wu = -2e, vw + wv = -2f$. uvw は $\mathbf{R}$ 上 2 次であり，一方 $(uvw)^2 = -uv(uw+2e)vw = 1+2auv+2fvw+(2e-4af)uw$ だから，$a = 0$, すなわち $uv + vu = 0$ を得る．$z = (u+v)/\sqrt{2}$ とおけば，$z^2 = -1$ であるが，以上と同様にして $uz + zu = 0$ となる．他方 $uz + zu = u(u+v)/\sqrt{2} + (u+v)u/\sqrt{2} = -\sqrt{2}$ となり矛盾．よって，$D = \mathbf{R} + \mathbf{R}u + \mathbf{R}v + \mathbf{R}uv$. このとき，$\mathbf{H} = \mathbf{R} + \mathbf{R}i + \mathbf{R}j + \mathbf{R}k$ との同型は $u \mapsto i, v \mapsto ai + \sqrt{1-a^2}j$ で与えられる．

(16) (i) 8. (ii) 4. (iii) 6. (iv) 12. (v) 4.

(17) (i) $X^4 - 10X^2 + 1$. (ii) $X^3 - 3X^2 + 3X - 3$. (iii) $X^2 + 1$. (iv) $X^9 - 15X^6 - 87X^3 - 125$.

(18) $\theta^2(\theta^2 + 1) + \theta(\theta^2 + 1) + 1 = 0$ だから, $1/(\theta^2 + 1) = -\theta^2 - \theta$.

(19) 同型写像 $f : \mathbf{Q}(\sqrt{2}) \to \mathbf{Q}(\sqrt{3})$ が存在するとする. $2 = f((\sqrt{2})^2) = (f(\sqrt{2}))^2$ より, $f(\sqrt{2})$ は $\sqrt{2}$ または $-\sqrt{2}$ となるが, これは不可能.

(20) そのような同型写像 f が存在するとする. $f(\sqrt[3]{2}) = \omega$ であるから, $2 = f((\sqrt[3]{2})^3) = (f(\sqrt[3]{2}))^3 = \omega^3 = 1$ となり矛盾. したがって, 存在しない.

(21) $\mathbf{Q}(\omega)$ から $\mathbf{R}$ の中への同型写像 f が存在するとする. $1 = f(\omega^3) = f(\omega)^3$ で $f(\omega) \neq 1$ ゆえ $f(\omega)$ は ω または ω^2. これらは実数ではないから不可能.

(22) $\sqrt[3]{2}\omega \mapsto \sqrt[3]{2}$ によって, $\mathbf{Q}(\sqrt[3]{2}\omega)$ は $\mathbf{R}$ の部分体 $\mathbf{Q}(\sqrt[3]{2})$ と同型. これ以外に中への同型写像は存在しない. $\mathbf{Q}(\sqrt[3]{2}, \omega) = \mathbf{Q}(\sqrt[3]{2}\omega, \omega)$ だから, $\sigma : \omega \mapsto \omega$ なる延長と, $\tau : \omega \mapsto \omega^2$ なる延長の2種の延長がある.

(23) ω を 1 の原始 3 乗根, ζ を 1 の原始 5 乗根とすれば, $\sqrt[3]{2}$ の像は i を $0, 1$ または 2 として $\sqrt[3]{2}\omega^i$, $\sqrt[5]{3}$ の像は j を $0, 1, 2, 3$ または 4 として $\sqrt[5]{3}\zeta^j$ しかあり得ない. 像が $\mathbf{Q}(\sqrt[3]{2}, \sqrt[5]{3})$ にはいるために $i = 0$ かつ $j = 0$ でなければならず, 恒等写像となる.

(24) 自己同型写像を f とすれば, $f(X)^p = f(X^p) = X^p$ となる. したがって, $f(X) = X$ となり f は恒等写像.

(25) 同型写像 $f : \mathbf{Q}(\sqrt{m}) \to \mathbf{Q}(\sqrt{n})$ があるとする. $(f(\sqrt{m})^2) = f(m) = m$ だから, $f(\sqrt{m}) = \pm\sqrt{m}$. したがって, $a, b \in \mathbf{Q}$ が存在して, $\pm\sqrt{m} = a + b\sqrt{n}$ $(b \neq 0)$ となる. 辺々 2 乗して係数を比較し $ab = 0$ を得るから $a = 0$ でなければならない. よって, $m = b^2n$. 逆も成立するから, $m = b^2n$ となるような有理数 b が存在することが必要十分条件である.

(26) $\mathbf{Q}(\sqrt{5}, \sqrt{-3})$.

(27) $f(X) = 0$ の n 個の根を α_i $(i = 1, \cdots, n)$ とする. $[F(\alpha_1) : F] \leq n$. $f(X)/(X - \alpha_1)$ は $F(\alpha_1)$ 上の多項式だから, $[F(\alpha_1, \alpha_2) : F(\alpha_1)] \leq n - 1$. 同様に, $[F(\alpha_1, \alpha_2, \cdots, \alpha_{i+1}) : F(\alpha_1, \cdots, \alpha_i)] \leq n - i$ より $[E : F] \leq n!$.

(28) $\sqrt[3]{2} + \omega$. ただし, ω は 1 の原始 3 乗根.

(29) 有限次分離拡大だから単純拡大である. たとえば, $\sqrt{2} + \sqrt{3} + \sqrt{5}$ が生成元.

(30) $[\mathbf{F}_2(\zeta_2, \zeta_3) : \mathbf{F}_2] = 6$ であるから, $\mathbf{F}_2(\zeta_2, \zeta_3) = \mathbf{F}_{2^6}$ となる. $\mathbf{F}_{2^6}^*$ の乗法群としての生成元を ζ とすれば, とくに $\mathbf{F}_{2^6} = \mathbf{F}_2(\zeta)$ となり, 単純拡大である.

(31) 証明は定理 1.5.16 の有限次分離拡大の場合とまったく同様である.

(32) 有限次分離拡大は単純拡大であるから, ある元 $\theta \in E$ が存在して $E = F(\theta)$ と書ける. θ の F 上の最小多項式を $p(X)$ とすれば, $\deg p(X) = n$ である. E

の代数的閉包での因数分解を $p(X) = \prod(X - \theta_i)$ (ただし, $\theta_1 = \theta$) とすれば, θ_i は互いに相異なる. E/F の中間体 K をとれば, $E = K(\theta)$ だから, θ の K 上の最小多項式が $p(X)$ の因子 $p_K(X)$ として定まる. 異なる中間体 M に対し $p_K(X) = p_M(X)$ であるとすれば, この多項式は $K \cap M$ 上定義されており, $[E:K] = [E:M] = \deg p_K(X) = [E:E \cap K]$ である. よって, $K = M$. よって, 中間体の集合から $p(X)$ の因子の集合への単射が定義される. $p(X)$ の因子は, 零点を考えることにより, $\{\theta_1, \theta_2, \cdots, \theta_n\}$ の部分集合によって決まる. θ は必ず含まねばならないから, そのような部分集合の数は 2^{n-1} で押さえられる.

(33) 単純拡大であれば問題 (32) の解と同様にして中間体は有限個となる. 逆に中間体が有限個しかないとする. F の E における分離閉包を E_s とする. 定理 1.5.16 よりある元 $\alpha \in E_s$ があって $E_s = F(\alpha)$ となる. E を E_s 上生成する最小個数の元を $\beta_1, \cdots, \beta_r$ とする. $r = 1$ ならば問題 (31) より $F(\alpha, \beta_1)/F$ は単純拡大である. $r \geq 2$ なら, $[E : E_s(\beta_1^p, \cdots, \beta_r^p)] = p^r$ となり, 各 $c \in E_s$ は相異なる中間体 $E_s(\beta_1^p, \cdots, \beta_r^p, \beta_1 + c\beta_2)$ を与える. E_s は非分離拡大を持つから完全体ではなく, したがって有限体ではない. E_s の元は無限に存在するから, 無限に中間体が存在し矛盾.

(34) a が F 上分離的でなければ, a の F 上の最小多項式は X^p の関数で, $f(X^p)$ の形. よって, a^p の最小多項式は $f(X)$ で, $\deg f(X^p) = [F(a) : F] = p[F(a^p) : F]$. よって, $F(a) \neq F(a^p)$. 逆に, $F(a) \neq F(a^p)$ ならば, a は $F(a^p)$ 上分離的でない. したがって, a は F 上も分離的でない.

(35) $\sigma : E \to E$ を F 上の準同型写像とすれば, 単射であることは E が体であることから明らか. E は F 上の有限次元ベクトル空間であり, 定義域と値域の次元はどちらも $\dim_F E$ で等しいから全射になる. この問題は補題 1.6.1 の特別な場合である.

(36) $\mathbf{C}$ の自己同型写像になるとは限らない. $\mathbf{C}$ の $\mathbf{Q}$ 上の超越基底 S をとる. S は無限集合であり, S の任意の元 x をとれば, S と $S \setminus \{x\}$ の濃度は等しく, 1 対 1 対応 φ が存在する. φ は体の中への同型写像 $\varphi : \mathbf{Q}(S) \to \mathbf{Q}(S)$ を引き起こす. $\mathbf{C}$ は $\mathbf{Q}(S)$ 上代数的であるから, φ は $\mathbf{C}$ から $\mathbf{C}$ の中への同型写像に延長される. この写像は全射ではない. なぜならば, $a \in \mathbf{C}$ で $\varphi(a) = x$ となるものがあるとする. a は $\mathbf{Q}(S)$ 上代数的だから, $\varphi(a) = x$ は φ の作り方から $\mathbf{Q}(S \setminus \{x\})$ 上代数的. これは, S が $\mathbf{Q}$ 上の超越基底であることに反する.

(37) $\mathbf{C}$ の $\mathbf{Q}$ 上の 1 つの超越基底を S と書く. S の元の置換は $\mathbf{Q}(S)$ の自己同型写像を引き起こす. $\mathbf{C}$ は $\mathbf{Q}(S)$ 上代数的であるから, その自己同型写像は $\mathbf{C}$ の自己同型写像に延長される. S は無限集合であるから, その置換全体は無限群

をなす．よって，$\mathbf{C}$ の自己同型群は無限群である．

(38) $f(X) = f_1(X) f_2(X) \cdots f_m(X)$ を体 E 上の既約因子への分解とする．$f(X)$ は F 上既約であるから E の適当な自己同形写像で f_i と f_j は移り合う．よって，次数は等しい．

(39) (i)(iii)(iv) 正規拡大，(ii) 正規拡大ではない．

(40) F 上の既約多項式 $f(X)$ のある零点 α が $E_1 \cap E_2$ に含まれるとする．$\alpha \in E_1$ で E_1 が正規であることから他の任意の零点は E_1 に含まれる．同様に E_2 にも含まれる．よって，$E_1 \cap E_2$ に含まれるから $E_1 \cap E_2$ は F の正規拡大．

(41) (i) $\mathbf{Q}(\sqrt{-1})$, (ii) $\mathbf{Q}(\sqrt{2}\omega^2)$, (iii) $\mathbf{Q}(\sqrt[3]{2})$, (iv) $\mathbf{Q}(\zeta_8^2)$, (v) $\mathbf{Q}(X^2, Y^2, XY)$, (vi) $\mathbf{Q}(t + (1/t))$.

(42) $S \ni x$ を 0 でない任意の元とする．F は体だから $1/x \in F$．よって，S 上の多項式 $X^n + a_1 X^{n-1} + a_2 X^{n-2} + \cdots + a_n$ が存在して $1/x$ はこの多項式の零点になる．ゆえに，$1/x = -(a_1 + a_2 x + \cdots + a_n x^{n-1})$ となり，$1/x \in S$ を得る．

(43) F は R 上有限生成だから，その生成系を $m_1, \cdots, m_n$ とする．任意の元 $a \in F$ をとる．R の元 $a_{i1}, \cdots, a_{in}$ が存在して，

$$am_i = a_{i1} m_1 + \cdots + a_{in} m_n$$

と書ける．E を n 次単位行列とし，n 次正方行列 $A = (a_{ij})$, n 項縦ベクトル $\boldsymbol{m} = {}^t(m_1, \cdots, m_n)$ を考えれば，上記の式は $a\boldsymbol{m} = A\boldsymbol{m}$, すなわち $(aE - A)\boldsymbol{m} = \boldsymbol{0}$ となる．$aE - A$ の余因子行列を $\widetilde{aE - A}$ と書き，両辺にこの余因子行列をかければ $(\det(aE - A))m_i = 0$ $(i = 1, 2, \cdots, n)$ を得る．F は体だから $\det(aE - A) = 0$ となるが，これは a が R 上整であることを示している．よって，F は R 上整である．以下，問題 (42) の解答参照．

(44) $R \ni a$ をとる．$G = \{\sigma_1, \sigma_2, \cdots, \sigma_n\}$ とし $f(X) = (X - a^{\sigma_1})(X - a^{\sigma_2}) \cdots (X - a^{\sigma_n})$ とおけば，$f(X) \in R^G[X]$．$f(X)$ の最高次係数は 1 ゆえ，a は R^G 上整．

(45) $\mathbf{C}[X^n, Y^n, XY]$．

(46) $\mathbf{C}^G = \mathbf{Q}$ となることを示す．$\mathbf{Q}$ は素体だから $\mathbf{C}^G \supset \mathbf{Q}$. $x \in \mathbf{C}^G \setminus \mathbf{Q}$ をとる．x が $\mathbf{Q}$ 上超越的であるならば，$\mathbf{C}$ の $\mathbf{Q}$ 上の x を含む超越基底 S をとる．x を S の他の元に移すような S の置換 σ を考える．σ は $\mathbf{Q}(S)$ の自己同型写像を引き起こす．$\mathbf{C}/\mathbf{Q}(S)$ は代数的拡大であるから σ は $\mathbf{C}$ の自己同型写像に延長される．$\sigma(x) \neq x$ だからこれは $x \in \mathbf{C}^G$ に反する．x が $\mathbf{Q}$ 上代数的であるとする．$\mathbf{Q}$ の代数的閉包を $\bar{\mathbf{Q}}$ とすれば，$\bar{\mathbf{Q}}$ の自己同型写像 τ で x を動かすようなものが存在する．$\mathbf{C}$ の $\bar{\mathbf{Q}}$ 上の超越基底 S をとる．τ は，S への作用を恒等的として，$\bar{\mathbf{Q}}(S)$ の自己同型写像を引き起こす．$\mathbf{C}/\bar{\mathbf{Q}}(S)$ は代数的拡大であるから，こ

の写像は $\mathbf{C}$ の自己同型写像に延長される．このとき $\tau(x) \neq x$ だから，これは $x \in \mathbf{C}^G$ に反する．よって $\mathbf{C}^G = \mathbf{Q}$.

(47) k は代数的閉体であるから，$k^p = k$. E の k 上の超越基底を $x_1, x_2, \cdots, x_n$ とする．明らかに $[k(x_1, x_2, \cdots, x_n) : k(x_1^p, x_2^p, \cdots, x_n^p)] = p^n$. 拡大体 $E/k(x_1, x_2, \cdots, x_n)$ と $E^p/k(x_1^p, x_2^p, \cdots, x_n^p)$ の拡大体としての状況は変わらないから $[E : k(x_1, x_2, \cdots, x_n)] = [E^p : k(x_1^p, x_2^p, \cdots, x_n^p)]$. したがって，

$$[E : k(x_1^p, x_2^p, \cdots, x_n^p)]$$
$$= [E : k(x_1, x_2, \cdots, x_n)][k(x_1, x_2, \cdots, x_n) : k(x_1^p, x_2^p, \cdots, x_n^p)]$$
$$= [E : E^p][E^p : k(x_1^p, x_2^p, \cdots, x_n^p)]$$

より $[E : E^p] = p^n$ となる．

(48) $g(X)y - f(X)$ は y の多項式として1次式だから既約である．$k[X]$ は一意分解環だから，$g(X)y - f(X)$ は $k[X, y]$ の元として既約である．したがって，$k(y)$ 上の既約多項式である．

(49) $Y = \sigma(X) = (aX + b)/(cX + d)$ $(a, b, c, d \in k, ad - bc \neq 0)$ で与えられる写像は，$X = (b - dY)/(cY - a)$ と逆に解け，$k(X)$ の k 上の自己同型写像を与える．以下，$k(X)$ の k 上の自己同型写像がこれらで尽くされることを示す．$k(X)$ の k 上の準同型写像 σ は X の行き先 $\sigma(X)$ が与えられれば決まることに注意する．よってそれは，$Y = f(X)/g(X), \exists f, g \in k[X], (f, g) = 1$ で与えられる．この準同型写像が全射なら同型写像であるから，同型写像になるための必要十分条件は $k(X) = k(Y)$ となることである．体の拡大 $k(X)/k(Y)$ において，T を変数とするとき，$g(T)Y - f(T)$ は $k(Y)$ 上の既約多項式であり，X はその零点である．よって，$g(T)Y - f(T)$ の T に関する次数が拡大次数 $[k(X) : k(Y)]$ である．$k(X) = k(Y)$ となるための必要十分条件は $[k(X) : k(Y)] = 1$ となることであり，したがって，$f(T), g(T)$ の次数が高々1になることである．

(50) x の K 上の最小多項式を $f(X) = X^n + a_1 X^{n-1} + \cdots + a_n$ $(a_i \in K)$ とする．a_i は x の有理式であるから，互いに素な多項式の商として表示しておく．それらの分母の最小公倍元をかけて分母を払えば，$f(x, X) = b_0(x) X^n + b_1(x) X^{n-1} + \cdots + b_n(x)$ $(b_i \in k[x], b_0, \cdots, b_n$ の最大公約元は 1) となるようにできる．この多項式は2変数既約多項式であり，$k[x]$ 係数の多項式として原始的である．x に関する次数を m とする．係数 a_i が k にすべて属することはあり得ないから，k に属さない a_i を1つ選び，$\theta = a_i$ ととる．$\theta = b_i/b_0$ であるが，分母，分子が互いに素になるように書き換えて，$\theta = g(x)/h(x)$ とする．2変数多項式 $h(x)g(X) - g(x)h(X)$ は $X = x$ を零点とするから，$f(x, X)$ で割り切れる．さ

らに, $f(x,X)$ が原始的であるから $h(x)g(X) - g(x)h(X) = q(x,X)f(x,X)$ となる $q(x,X) \in k[x,X]$ が存在する. x についての両辺の次数を比較して, 両辺とも x について次数 m で $q(x,X)$ は x によらないことがわかる. 左辺は X だけの因子を持ち得ないから $q(x,X)$ は k に属する定数になる. よって, x,X の対称性から $f(x,X)$ は, x,X のそれぞれについて次数 $m=n$ で, $h(x), g(x)$ のいずれかは次数 n で残りは次数 n 以下となる. よって, $[k(x) : k(\theta)] = n$. 他方, $[k(x) : K] = n$, $K \supset k(\theta)$ より $K = k(\theta)$ を得る.

第 2 章

(1) (i) S_3. (ii) ガロア拡大ではない. (iii) $\mathbf{Z}/2\mathbf{Z} \times \mathbf{Z}/2\mathbf{Z}$. (iv) $\mathbf{Z}/3\mathbf{Z}$. (v) $\mathbf{Z}/3\mathbf{Z} \times \mathbf{Z}/3\mathbf{Z}$.

(2) (i) $\mathbf{Z}/2\mathbf{Z}$. (ii) S_3. (iii) D_4. (iv) D_4. (v) $\mathbf{Z}/2\mathbf{Z} \times \mathbf{Z}/2\mathbf{Z}$. (vi) $\mathbf{Z}/2\mathbf{Z} \times \mathbf{Z}/2\mathbf{Z} \times \mathbf{Z}/2\mathbf{Z}$. (vii) $\mathbf{Z}/2\mathbf{Z} \times S_3$. (viii) E は $\mathbf{Q}$ に 1 の原始 18 乗根を添加した体だから, ガロア群は $(\mathbf{Z}/18\mathbf{Z})^* \cong \mathbf{Z}/6\mathbf{Z}$. (ix) 最小分解体は $\mathbf{Q}(\sqrt{-1}, \sqrt{-3})$ でガロア群は $\mathbf{Z}/2\mathbf{Z} \times \mathbf{Z}/2\mathbf{Z}$. 1 の原始 12 乗根を添加した体であることを考えても結果を得る. (x) E は $\mathbf{Q}$ に 1 の原始 16 乗根を添加した体だから, ガロア群は $(\mathbf{Z}/16\mathbf{Z})^* \cong \mathbf{Z}/4\mathbf{Z} \times \mathbf{Z}/2\mathbf{Z}$.

(3) E は $\mathbf{Q}(\sqrt{-1})$ 上の分離多項式 $X^4 - 5$ の最小分解体であるから, $E/\mathbf{Q}(\sqrt{-1})$ はガロア拡大である. $E = \mathbf{Q}(\sqrt[4]{5}, \sqrt{-1})$ だから, ガロア群は $\sigma : \sqrt[4]{5} \mapsto \sqrt[4]{5}\sqrt{-1}$ で生成される位数 4 の巡回群. 部分群は $Gal(E/\mathbf{Q}(\sqrt{-1}))$, $\langle \sigma^2 \rangle (\cong \mathbf{Z}/2\mathbf{Z})$, $\{e\}$ の 3 個. それらに対応する中間体はそれぞれ $\mathbf{Q}(\sqrt{-1})$, $\mathbf{Q}(\sqrt{5}, \sqrt{-1})$, E.

(4) $\pm\sqrt{2} + \omega^i \sqrt[3]{5} = X$ とおく. $\omega^i \sqrt[3]{5} = X \mp \sqrt{2}$ の両辺を 3 乗して, $X^3 + 6X - 5 = \mp(3X^2 + 2)\sqrt{2}$. この式の両辺を 2 乗して整理すればもとの方程式になることから根であることはわかる. 最小分解体を整理すれば $\mathbf{Q}(\sqrt{2}, \sqrt[3]{5}, \omega)$ だから求めるガロア群は $\mathbf{Z}/2\mathbf{Z} \times S_3$ と同型である.

(5) $X^3 + bX + c = 0$ の 3 根を t_1, t_2, t_3 とし, $\Delta = \prod_{i<k}(t_i - t_k)$ とおく. $\Delta^2 = D$. 原式が F 上 3 次の既約式であるから最小分解体は次数が 3 の倍数の拡大になっており, したがってガロア群 $Gal(F(t_1,t_2,t_3)/F)$ は S_3 の部分群で, かつ S_3 または A_3 である. $\Delta \notin F$ なら $\Delta^2 \in F$ を考えて最小分解体は 2 次の部分体を含んでいる. よって拡大次数は 6 の倍数であり, ガロア群は S_3 となる. $\Delta \in F$ のとき, もしガロア群が S_3 なら, S_3 は F 上の自己同型群として $F(t_1,t_2,t_3)$ に作用し, $F(t_1,t_2,t_3)^{S_3} = F$ だから Δ は S_3 で不変なはず. しかし, Δ は互換で不変ではないから矛盾. ゆえに, このときガロア群は A_3.

(6) $x_1^2 + x_2^2 + x_3^2 = s_1^2 - 2s_2$, $x_1^3 + x_2^3 + x_3^3 = s_1^3 - 3s_1 s_2 + 3s_3$.

(7) $\mathbf{C}[x_1, x_2, \cdots, x_n]^{S_n} \supset \mathbf{C}[s_1, s_2, \cdots, s_n]$ は明らか. x_i は n 次方程式 $X^n - s_1 X^{n-1} + s_2 X^{n-2} - \cdots + (-1)^n s_n = 0$ の根であるから, $\mathbf{C}[x_1, x_2, \cdots, x_n]$ は $\mathbf{C}[s_1, s_2, \cdots, s_n]$ 上整である. よって, $\mathbf{C}[x_1, x_2, \cdots, x_n]^{S_n}$ は $\mathbf{C}[s_1, s_2, \cdots, s_n]$ 上整である. ガロア理論より $\mathbf{C}(x_1, x_2, \cdots, x_n)^{S_n} = \mathbf{C}(s_1, s_2, \cdots, s_n)$. $\alpha \in \mathbf{C}(s_1, s_2, \cdots, s_n)$ が $\mathbf{C}[s_1, s_2, \cdots, s_n]$ 上整であるとする. $\alpha = f/g$, $f, g \in \mathbf{C}[s_1, s_2, \cdots, s_n]$ (f, g は互いに素) とするとき, f/g は $\mathbf{C}[s_1, s_2, \cdots, s_n]$ 係数のモニック多項式 $X^m + a_1 X^{m-1} + a_2 X^{m-2} + \cdots + a_m = 0$ の根. よって, $f^m + a_1 f^{m-1} g + a_2 f^{m-2} g^2 + \cdots + a_m g^m = 0$ が成立するが, 最初の項以外は g で割り切れ, したがって f^m が g で割り切れる. f, g は互いに素であるから g は単元でなければならない. よって $\alpha \in \mathbf{C}[s_1, s_2, \cdots, s_n]$ となり結果を得る.

(8) E から E への F-線形写像の全体 $\mathrm{Hom}_F(E, E)$ は F 上のベクトル空間としては n^2 次元であるが, E 上のベクトル空間としては n 次元である. $\sigma_1, \cdots, \sigma_n$ が E 上線形独立であることを示せばよい. 線形独立ではないとして, $\sum a_i \sigma_i(x) = 0$ ($\forall x \in E$) となるような $a_i \in E$ のうち, 0 でないものの個数が最小のものをとる. 番号をつけかえて, 0 でないもののすべてが $a_i \neq 0$ ($i \leq r$) としてよい. また, $a_r = 1$ として一般性を失わない. $r = 1$ ではあり得ないから, $b \in E$ が存在して $\sigma_1(b) \neq \sigma_r(b)$. $\sum a_i \sigma_i(bx) = 0$ ($\forall x \in E$) だから $\sum (a_i \sigma_i(b)) \sigma_i(x) = 0$. よって, 最初の式の $\sigma_r(b)$ 倍との差をとって, $\sum_{i=1}^{r-1} a_i (\sigma_r(b) - \sigma_i(b)) \sigma_i(x) = 0$ ($\forall x \in E$) を得るが, これは最小性に反する.

(9) (i) $\zeta = \cos(2\pi/p) + \sqrt{-1} \sin(2\pi/p)$ とおく. これは 1 の原始 p 乗根だから $\mathbf{Q}$ 上代数的. $\cos(2\pi/p) = (\zeta + 1/\zeta)/2$ だから $\cos(2\pi/p)$ も $\mathbf{Q}$ 上代数的. (ii) $\mathbf{Q}(\zeta)/\mathbf{Q}$ はアーベル拡大でそのガロア群は $\mathbf{Z}/(p-1)\mathbf{Z}$. $\mathbf{Q}(\zeta)/\mathbf{Q}(\zeta + 1/\zeta)$ は 2 次拡大だから, $Gal(\mathbf{Q}(\cos(2\pi/p))/\mathbf{Q}) \cong \mathbf{Z}/((p-1)/2)\mathbf{Z}$.

(10) 任意の有限群 G に対し, 適当な自然数 n をとれば, G は n 次対称群 S_n の部分群となる. 一般 n 次方程式の分解体を考えれば

$$Gal(\mathbf{Q}(t_1, \cdots, t_n)/\mathbf{Q}(s_1, \cdots, s_n)) \cong S_n$$

であった. 体の拡大 $\mathbf{Q}(t_1, \cdots, t_n)/\mathbf{Q}(t_1, \cdots, t_n)^G$ を考えれば, そのガロア群は G と同型になる.

(11) (デデキントによる例) $\omega = \sqrt{\sqrt{6}(\sqrt{2} + \sqrt{3})(1 + \sqrt{2})}$ とおく. $E = \mathbf{Q}(\omega)$, $M = \mathbf{Q}(\omega^2)$ とおく. $M = \mathbf{Q}(\sqrt{2}, \sqrt{3})$ となる. E の自己同型写像 $\sigma : \omega \mapsto \omega(\sqrt{3} - \sqrt{2})(\sqrt{2} - 1)$, $\tau : \omega \mapsto \omega(\sqrt{3} - \sqrt{2})$ が定義できることがわかる. このとき, $\sigma|_M$ は $(\sqrt{2}, \sqrt{3}) \mapsto (-\sqrt{2}, \sqrt{3})$ となり, $\tau|_M$ は $(\sqrt{2}, \sqrt{3}) \mapsto (\sqrt{2}, -\sqrt{3})$ で

ある．交換関係式は $\sigma^4 = e$, $\tau^4 = e$, $\tau^{-1}\sigma\tau = \sigma^{-1}$, $\sigma^2 = \tau^2$ となりガロア群は 4 元数群と同型となる．

(12) $G = Gal(E_1E_2/F)$ とおく．$G/Gal(E_1E_2/E_1) \cong Gal(E_1/F)$ はアーベル群だから，$[G, G] \subset Gal(E_1E_2/E_1)$．同様に $[G, G] \subset Gal(E_1E_2/E_2)$．$Gal(E_1E_2/E_1) \cap Gal(E_1E_2/E_2) = \{e\}$ より $[G, G] = \{e\}$．よって，G はアーベル群．

(13) ω を 1 の原始 3 乗根とする．$E_1 = \mathbf{Q}(\sqrt[3]{2})$, $E_2 = \mathbf{Q}(\sqrt[3]{2}\omega)$ とおく．$[E_1 : \mathbf{Q}] = [E_2 : \mathbf{Q}] = 3$．$E_1E_2 = \mathbf{Q}(\sqrt[3]{2}, \sqrt[3]{2}\omega) = \mathbf{Q}(\sqrt[3]{2}, \omega)$ だから，$[E_1E_2 : \mathbf{Q}] = 6$．よって，$[E_1E_2 : \mathbf{Q}] \neq [E_1 : \mathbf{Q}][E_2 : \mathbf{Q}]$ となる例になる．補題 2.7.4 からわかるように，$E_1/\mathbf{Q}$, $E_2/\mathbf{Q}$ がガロア拡大なら $[E_1E_2 : \mathbf{Q}] = [E_1 : \mathbf{Q}][E_2 : \mathbf{Q}]$ が成立する．有限体の有限次拡大はガロア拡大ゆえ，等式が成立する．

(14) $\mathbf{Q}(\zeta_{m_1}, \zeta_{m_2}) \subset \mathbf{Q}(\zeta_\ell)$ は明らか．m_1/g, m_2/g は互いに素だから，整数 a, b が存在して $(m_1/g)a + (m_2/g)b = 1$ となるようにできる．このとき，$\zeta_\ell = \zeta_\ell^{(m_1/g)a} \zeta_\ell^{(m_2/g)b}$ となるが $\zeta_\ell^{(m_1/g)a} \in \mathbf{Q}(\zeta_{m_2})$ かつ $\zeta_\ell^{(m_2/g)b} \in \mathbf{Q}(\zeta_{m_1})$ より $\mathbf{Q}(\zeta_{m_1}, \zeta_{m_2}) \supset \mathbf{Q}(\zeta_\ell)$．ゆえに $\mathbf{Q}(\zeta_{m_1}, \zeta_{m_2}) = \mathbf{Q}(\zeta_\ell)$．$\mathbf{Q}(\zeta_{m_1}) \cap \mathbf{Q}(\zeta_{m_2}) \supset \mathbf{Q}(\zeta_g)$ は明らか．ガロアの理論と群の第 2 同型定理より $[\mathbf{Q}(\zeta_{m_1}, \zeta_{m_2}) : \mathbf{Q}][\mathbf{Q}(\zeta_{m_1}) \cap \mathbf{Q}(\zeta_{m_2}) : \mathbf{Q}] = [\mathbf{Q}(\zeta_{m_1}) : \mathbf{Q}][\mathbf{Q}(\zeta_{m_2}) : \mathbf{Q}]$．また，オイラーの関数の性質として $\varphi(m_1)\varphi(m_2) = \varphi(\ell)\varphi(g)$ となる．この式と前半を用いれば，$[\mathbf{Q}(\zeta_{m_1}) \cap \mathbf{Q}(\zeta_{m_2}) : \mathbf{Q}] = \varphi(m_1)\varphi(m_2)/\varphi(\ell) = \varphi(g)$．よって $[\mathbf{Q}(\zeta_{m_1}) \cap \mathbf{Q}(\zeta_{m_2}) : \mathbf{Q}(\zeta_g)] = [\mathbf{Q}(\zeta_{m_1}) \cap \mathbf{Q}(\zeta_{m_2}) : \mathbf{Q}]/[\mathbf{Q}(\zeta_g) : \mathbf{Q}] = \varphi(g)/\varphi(g) = 1$ となり，$\mathbf{Q}(\zeta_{m_1}) \cap \mathbf{Q}(\zeta_{m_2}) = \mathbf{Q}(\zeta_g)$．

(15) $X^4 - X^2 + 1$．

(16) n を自然数とし，$n = 2^\lambda p_1^{\lambda_1} \cdots p_r^{\lambda_r}$ （p_i は相異なる奇素数）を素因数分解とする．このとき，オイラーの関数は $\varphi(n) = 2^{\lambda-1} p_1^{\lambda_1-1}(p_1-1) \cdots p_r^{\lambda_r-1}(p_r-1)$ である．1 の原始 n 乗根の $\mathbf{Q}$ 上の次数は $\varphi(n)$ に等しい．$E/\mathbf{Q}$ の拡大次数を m とすれば，E に含まれる 1 の原始 n 乗根の次数 $\varphi(n)$ は m 以下でなければならない．この条件を満たす n は有限個．よって，E に含まれる原始 n 乗根は有限個．ゆえに，E に含まれる 1 のべき根も有限個．

(17) ガロア群 $G \cong (\mathbf{Z}/7\mathbf{Z})^* \cong \mathbf{Z}/6\mathbf{Z}$．$\sigma : \zeta \mapsto \zeta^3$ がその生成元．真の部分群は $H_1 = \{e, \sigma^3\}$ と $H_2 = \{e, \sigma^2, \sigma^4\}$．中間体は $\mathbf{Q}(\zeta)^{H_1} = \mathbf{Q}(\zeta + \zeta^{-1})$, $\mathbf{Q}(\zeta)^{H_2} = \mathbf{Q}(\zeta + \zeta^2 + \zeta^4) = \mathbf{Q}(\sqrt{-7})$, $\mathbf{Q}$, $\mathbf{Q}(\zeta)$ の 4 つ．

(18) $\mathbf{F}_{2^3}/\mathbf{F}_2$ は 3 次拡大だから α の最小多項式は 3 次式．$\mathbf{F}_2$ 上の既約分解 $(X^7 - 1) = (X - 1)(X^3 + X^2 + 1)(X^3 + X + 1)$ を考えれば，最小多項式は $X^3 + X^2 + 1$ または $X^3 + X + 1$．

(19) $p = 2$ または $p \equiv 1 \bmod 4$ のとき可約．$p \equiv 3 \bmod 4$ のとき既約．

(20) この問題はガロア群の計算に便利であるからここに挙げておいたが，証明はファン・デル・ヴェルデン『現代代数学 II』第 7 章 61 節参照．

(21) 有限体の有限次拡大のガロア群は巡回群であるから，$f(X)$ の最小分解体のガロア群は巡回群となる．その生成元を σ とすれば巡回群 $\langle \sigma \rangle$ は $f_i(X) = 0$ の根に推移的に作用する．したがって，σ の根の置換としての型は問題のように与えられる．

(22) mod 2 で考えれば $(X^2 + X + 1)(X^3 + X^2 + 1)$ と素因子分解される．よって問題 (20)(21) よりガロア群は $(ij)(k\ell m)$ 型の置換を含み，この元の 3 乗を考えれば互換を含む．mod 3 では既約だから，5 次の巡回置換を含む．この 2 つのことからガロア群は S_5 となる．

(23) $Gal(E/\mathbf{Q})$ の元を根の置換とみれば $S_p \supset Gal(E/\mathbf{Q})$．$f(X) = 0$ の 1 根を α とすれば，$f(X)$ が $\mathbf{Q}$ 上既約だから $[\mathbf{Q}(\alpha) : \mathbf{Q}] = p$．よって $Gal(E/\mathbf{Q})$ は位数 p の元を含むがそれは S_p の元とみれば p 次の巡回置換である．複素共役は $Gal(E/\mathbf{Q})$ の位数 2 の元を引き起こす．それは実根を固定し複素数の根の入れ替えであり，S_p の元とみれば互換である．互換と p 次の巡回置換を含むことから $Gal(E/\mathbf{Q}) \cong S_p$ となる．

(24) $p = 3$ としてアイゼンシュタインの既約性判定法を用いれば，$X^5 - 6X + 3$ は $\mathbf{Q}$ 上既約であることがわかる．$Y = X^5 - 6X + 3$ のグラフを考えれば，方程式が 3 個の実数と 2 個の実数でない複素数の根を持つことがわかる．問題 (23) を適用して $Gal(E/\mathbf{Q}) \cong S_5$ となる．

(25) $n = 2$ なら容易だから，$n \geq 3$ とする．S_n の部分群 H が n 文字の置換として推移的で，1 個の互換と，1 個の $(n-1)$ 項の巡回置換を含めば $H = S_n$ となることに注意する．$\mathbf{Z}$ 上の n 次多項式で mod 2 で既約な n 次式 f_1 をとる．$\mathbf{Z}$ 上の多項式で，mod 3 で $n-1$ 次の既約因子と 1 次の多項式に分解する多項式 f_2 をとる．$\mathbf{Z}$ 上の多項式で mod 5 で 2 次の既約因子 1 個と相異なるいくつかの奇数次の既約因子に分解する多項式 f_3 をとる．$f = 15f_1 + 10f_2 + 6f_3$ とおけば，$f \equiv f_2 \pmod 2$, $f \equiv f_3 \pmod 3$, $f \equiv f_5 \pmod 5$ となる．f は mod 2 で既約だから f のガロア群は n 次の巡回置換を含み，したがって n 文字の置換として推移的．f は mod 3 で $n-1$ 次の既約因子と 1 次の多項式に分解するから，f のガロア群は $n-1$ 次の巡回置換を含み，mod 5 で 2 次の既約因子 1 個といくつかの奇数次の既約因子に分解するから，その元の適当な奇数乗を考えて互換を含むことがわかる．したがって，ガロア群は S_n となる．

(26) E/F を n 次分離拡大，その基底を $\omega_1, \cdots, \omega_n$ とする．$a(\omega_1, \cdots, \omega_n) = (\omega_1, \cdots, \omega_n)A(a)$ となる n 次正則行列 $A(a)$ が T_a の行列表示である．E の

代数的閉包を $\bar{E}$ とすれば，E/F は n 次分離拡大だから，E から $\bar{E}$ の中への n 個の F 上の同型写像 $\sigma_1, \cdots, \sigma_n$ が存在する．アルティンの定理から n 次正方行列 $M = (\omega_j^{\sigma_i})$ の行ベクトルは線形独立で，したがって M は正則行列．a^{σ_i} を (i,i) 成分とする対角行列を A とすれば，$AM = MA(a)$．M が正則であることから $A = MA(a)M^{-1}$．ゆえに，$\mathrm{Tr}_{E/F}(a) = \mathrm{Tr}A(a)$, $\mathrm{N}_{E/F}(a) = \det A(a)$ を得る．

(27) 60 度はラジアンでは $\pi/3$. 3 倍角の公式から $\cos(\pi/9)$ は 3 次方程式 $4X^3 - 3X = \cos(\pi/3)$ の根である．$\cos(\pi/3) = 1/2$ であり，多項式 $8X^3 - 6X - 1$ は $\mathbf{Q}$ 上既約であるから，60 度の 3 等分は作図できない．

(28) 正方形の 1 辺の長さを a，その 2 倍の面積を持つ正方形の 1 辺の長さを x とすれば，$x^2 = 2a^2$ である．これは 2 次方程式であるから，その根である x は作図できる．作図法は本文中の 2 次方程式の根の作図法参照．

(29) n を 3 以上の自然数とするとき，正 n 角形が作図可能であるための必要十分条件は，n が $n = 2^\lambda p_1 \cdots p_r$ （λ は 0 以上の整数，p_i は $p_i = 2^{m_i} + 1$（m_i は相異なる自然数）なる形の素数）となることである．$n \le 20$ の条件の下でこの条件を満たすものを求めると，$3, 4, 5, 6, 8, 10, 12, 15, 16, 17, 20$ の 11 個．

(30) D を非可換な有限斜体とし，その中心を Z とする．Z は有限体であるからある素数のべき q があって $Z \cong \mathbf{F}_q$ となる．$\dim_Z D = n$ とすれば，D が非可換なことから $n > 1$ で，$|D| = q^n$．$a \in D \setminus Z$ をとる．a と可換な元全体 $C(a)$ は Z を含む斜体をなし，D 全体には一致しない．ゆえに自然数 d ($1 \le d < n$) が存在してその元数は q^d となり，D を $C(a)$ 上の左ベクトル空間とみることにより $d \mid n$ がわかる．D^* を D から 0 を除いた乗法群とする．a を含む共役類に含まれる元の数は $(q^n - 1)/(q^d - 1)$．1 の原始 n 乗根の最小多項式である円周等分多項式 $\Phi_n(X)$ を考えれば，$d < n$ であることから，$(X^n - 1)/(X^d - 1)$ は $\Phi_n(X)$ で割り切れる．ゆえに $(q^n - 1)/(q^d - 1)$ は $\Phi_n(q)$ で割り切れる．D^* の類等式は

$$q^n - 1 = (q - 1) + \sum (q^n - 1)/(q^d - 1)$$

の形となる．ただし和は，$d \mid n, d \ne n$ なる自然数 d いくつかにわたる．この式から，$q - 1$ が $\Phi_n(q)$ で割り切れることになる．他方，絶対値 1 の複素数 $z \ne 1$ に対して $|q - z| > q - 1 \ge 1$ だから，$n > 1$ を考えれば $|\Phi_n(q)| = \prod_\zeta |q - \zeta| > q - 1$ を得る．これは $q - 1$ が $\Phi_n(q)$ で割り切れることに矛盾する．ゆえに，D は可換である．

第3章

(1) (i) $1+\sqrt{2}, 1-\sqrt{2}$. (ii) $1+\omega+\sqrt[3]{2}+\sqrt[3]{2}\omega+(\sqrt[3]{2})^2+(\sqrt[3]{4})^2\omega$ をガロア群の各元で動かして得られる基底. (iii) $\zeta, \zeta^3, \zeta^2, \zeta^6, \zeta^4, \zeta^5$.

(2) 既約でないとすると1次の因子があるはずである. したがって, $\mathbf{F}_3$ に零点を持つはずであるが, その3個の元をチェックするといずれも零点ではない. よって既約である. 1組の正規底は, たとえば $\alpha^2, (\alpha+1)^2, (\alpha+2)^2$.

(3) 中間体 M に対応する部分群を H とする. $M \supset F(\mathrm{Tr}_{E/M}(\alpha))$ は明らか. $\alpha^{H\sigma_i} = \sum_{\tau \in H} \alpha^{\tau\sigma_i}$ とおき, G の H を法とする右剰余類への類別を $G = \bigcup_{i=1}^r H\sigma_i$, 右代表系を $\{\sigma_1 = e, \sigma_2, \cdots, \sigma_r\}$ とすれば, $\alpha^{H\sigma_i} = \mathrm{Tr}_{E/M}\alpha^{\sigma_i}$ $(i=1,\cdots,r)$ が拡大 M/F の基底である. なぜならば, 線形独立であることは $\{\alpha^\sigma\}$ が正規底であったことから明らか. 任意の $m \in M$ をとる. $\mathrm{Tr}_{E/M}$ は全射であるから, $x \in E$ で $\mathrm{Tr}_{E/M}(x) = m$ となるものが存在する. このとき, $c_\sigma \in F$ $(\sigma \in G)$ が存在して $x = \sum_{\sigma \in G} c_\sigma \alpha^\sigma$ となる. 両辺のトレースをとれば $m = \mathrm{Tr}_{E/M}(x) = \sum_{\sigma \in G} c_\sigma \mathrm{Tr}_{E/M}\alpha^\sigma$. よって生成している. また, $\mathrm{Tr}_{E/M}(\alpha)$ の F 上の共役 $\mathrm{Tr}_{E/M}(\alpha)^{\tau_i}$ について, $\mathrm{Tr}_{E/M}(\alpha)^{\tau_i} \neq \mathrm{Tr}_{E/M}(\alpha)^{\tau_j}$ $(\tau_i \neq \tau_j)$ である. よって, $[M:F] = r \leq [F(\mathrm{Tr}_{E/M}(\alpha)):F]$ となり, $M \supset F(\mathrm{Tr}_{E/M}(\alpha))$ を考えれば $M = F(\mathrm{Tr}_{E/M}(\alpha))$.

(4) $\mathbf{Z}$-加群 $\mathbf{Z}[G]$ の $n+1$ 個のテンソル積を $C_n = \mathbf{Z}[G] \otimes_\mathbf{Z} \mathbf{Z}[G] \otimes_\mathbf{Z} \cdots \otimes_\mathbf{Z} \mathbf{Z}[G]$ $(n = 0, 1, 2, \cdots)$ とおき, 第1因子への左乗法によって $\mathbf{Z}[G]$-加群とみる. σ_i を G の元とすれば, C_n は $[\sigma_1, \cdots, \sigma_n] = 1 \otimes \sigma_1 \otimes \cdots \otimes \sigma_n$ を基底とする自由 $\mathbf{Z}[G]$-加群, かつ $\sigma_0[\sigma_1, \cdots, \sigma_n] = \sigma_0 \otimes \sigma_1 \otimes \cdots \otimes \sigma_n$ を基底とする自由 $\mathbf{Z}$-加群. $\mathbf{Z}[G]$-準同型写像 $\partial_n : C_n \to C_{n+1}$ を

$$\partial_n[\sigma_1, \cdots, \sigma_n] = \sigma_1[\sigma_2, \cdots, \sigma_n] + \sum_{i=1}^{n-1}(-1)^i[\sigma_1, \cdots, \sigma_i\sigma_{i+1}, \cdots, \sigma_n]$$
$$+ (-1)^n[\sigma_1, \cdots, \sigma_{n-1}]$$

(ただし, $\partial_0 = 0$ とおく) と定義し, 複体 $C(G) = \{C_n, \partial_n\}$ を考える. このとき, $\mathrm{Hom}_{\mathbf{Z}[G]}(C_n, E) = C^n(G, E)$ で, ∂_{n+1} が引き起こす $\mathbf{Z}$-準同型写像 $\mathrm{Hom}_{\mathbf{Z}[G]}(C_n, E) \to \mathrm{Hom}_{\mathbf{Z}[G]}(C_{n+1}, E)$ は群のコホモロジーを定義する δ^n にほかならない. ゆえに, $H^*(C(G), E) \cong H^*(G, E)$. また, 正規底の存在定理より $\mathbf{Z}[G]$-加群として $E = F[G]$ であるが, $F[G]$ の元 $\sum_{\sigma \in G} a_\sigma \sigma$ に, $\sigma \mapsto a_{\sigma^{-1}}$ で与えられる $\mathrm{Hom}_\mathbf{Z}(\mathbf{Z}[G], F)$ の元を対応させれば, $\mathbf{Z}[G]$ 上の同型 $F[G] \cong \mathrm{Hom}_\mathbf{Z}(\mathbf{Z}[G], F)$ を得る. よって

$$C^n(G, E) = \mathrm{Hom}_{\mathbf{Z}[G]}(C_n, E) \cong \mathrm{Hom}_{\mathbf{Z}[G]}(C_n, \mathrm{Hom}_{\mathbf{Z}}(\mathbf{Z}[G], F))$$
$$\cong \mathrm{Hom}_{\mathbf{Z}}(C_n \otimes_{\mathbf{Z}[G]} \mathbf{Z}[G], F) \cong \mathrm{Hom}_{\mathbf{Z}}(C_n, F).$$

$\mathbf{Z}$-準同型写像 $s_n : C_n \to C_{n+1}$ を $s_n(\sigma_0[\sigma_1, \cdots, \sigma_n]) = [\sigma_0, \sigma_1, \cdots, \sigma_n]$ によって定義すれば，$\partial_{n+1} s_n + s_{n-1} \partial_n = id_{C_n}$ (恒等写像) が成り立つ．$n \geq 1$ とし，$f \in \mathrm{Hom}_{\mathbf{Z}}(C_n, F)$ が $\delta^n(f) = f \partial_{n+1} = 0$ を満たすならば，

$$\delta^{n-1}(fs_{n-1}) = fs_{n-1}\partial_n = f(\partial_{n+1} s_n + s_{n-1}\partial_n) = f$$

となり，f はコバウンダリーとなる．ゆえに $H^n(G, E) = 0$ $(n \geq 1)$．

(5) これはクンマー拡大であり，ガロア群は $\mathbf{Z}/2\mathbf{Z} \times \mathbf{Z}/2\mathbf{Z} \times \mathbf{Z}/2\mathbf{Z}$．

(6) これはクンマー拡大であり，ガロア群は $\mathbf{Z}/3\mathbf{Z} \times \mathbf{Z}/5\mathbf{Z}$．

(7) 巡回アルティン・シュライアー拡大で，ガロア群は $\mathbf{Z}/7\mathbf{Z}$．

(8) x を変数とし，$F = \mathbf{F}_p(x)$ とおく．$F \neq \wp(F)$ だから $\alpha_0 \in F$, $\alpha_0 \notin \wp(F)$ なる元が存在する．任意の $\alpha_1 \in F$ をとり，$a = (\alpha_0, \alpha_1) \in W_2(F)$ とおく．このとき，F の代数的閉包を $\bar{F}$ とし，$\wp((\beta_0, \beta_1)) = a$ なる元 $(\beta_0, \beta_1) \in W_2(\bar{F})$ をとる．定理 3.5.8 より $F(\beta_0, \beta_1)/F$ はガロア拡大で，そのガロア群が $\mathbf{Z}/p^2\mathbf{Z}$ に同型．具体的には，方程式 $X_1^p - X_1 = \alpha_0$ の 1 根を β_0, 方程式 $X_2^p - X_2 + \sum_{i=1}^{p-1}(-1)^i((p-1)!/(i!(p-i)!))\beta_0^{(i+1)p-i} = \alpha_1$ の 1 根を β_1 とする．このとき $F(\beta_0, \beta_1)/F$ が求めるガロア拡大．

(9) f_i についてのみ示す．$R = \mathbf{Z}[x_0, x_1, \cdots, y_0, y_1, \cdots]$ とおく．i に関する帰納法．$i = 0$ なら $f_0(x_0, y_0) = x_0 + y_0$ だから成り立つ．$i = n$ まで成り立つとする．$x^{(n)} = x_0^{p^n} + px_1^{p^{n-1}} + \cdots + p^n x_n$ を $x^{(n)} = w_n(x_0, \cdots, x_n)$ と書けば，$w_{n+1}(x_0, \cdots, x_{n+1}) = w_n(x_0^p, \cdots, x_n^p) + p^{n+1} x_{n+1}$ だから，

$$w_{n+1}(f_0, f_1, \cdots, f_{n+1}) = w_{n+1}(x_0, \cdots, x_{n+1}) + w_{n+1}(y_0, \cdots, y_{n+1})$$
$$= w_n(x_0^p, \cdots, x_n^p) + w_n(y_0^p, \cdots, y_n^p) + p^{n+1}(x_{n+1} + y_{n+1})$$
$$\equiv w_n(f_0(x_0^p, y_0^p), \cdots, f_n(x_0^p, \cdots, x_n^p, y_0^p, \cdots, y_n^p)) \pmod{p^{n+1} R}.$$

f_i $(i = 0, 1, \cdots, n)$ は有理整数係数の多項式ゆえ

$$f_i(x_0^p, \cdots, x_i^p, y_0^p, \cdots, y_i^p) \equiv f_i(x_0, \cdots, x_i, y_0, \cdots, y_i)^p \pmod{pR}$$

$(i = 0, 1, \cdots, n)$ が成り立つ．よって，

$$p^{n+1} f_{n+1} = w_{n+1}(f_0, \cdots, f_{n+1}) - w_n(f_0^p, \cdots, f_n^p)$$
$$\equiv w_n(f_0(x_0^p, y_0^p), \cdots, f_n(x_0^p, \cdots, x_n^p, y_0^p, \cdots, y_n^p))$$
$$\quad - w_n(f_0(x_0, y_0)^p, \cdots, f_n(x_0, \cdots, x_n, y_0, \cdots, y_n)^p)$$
$$\equiv 0 \pmod{p^{n+1} R}.$$

よって, $f_{n+1} \in R$ となり, f_{n+1} の係数も整数である.

(10) $\mathbf{V} : W_n(\mathbf{F}_p) \to W_{n+1}(\mathbf{F}_p)$ を $a = (a_0, a_1, \cdots, a_{n-1}) \mapsto (0, a_0, a_1, \cdots, a_{n-1})$, $\mathbf{R} : W_n(\mathbf{F}_p) \to W_{n-1}(\mathbf{F}_p)$ を $a \mapsto (a_0, a_1, \cdots, a_{n-2})$ によって定義すれば, $\mathbf{FV} = \mathbf{VF}$ が成り立つ. また, $\mathbf{F}_p$ 上であることから, $p = \mathbf{RVF} = \mathbf{RV}$ が成り立ち, $p^i(1, 0, \cdots, 0)$ は $i+1$ 番目の成分が 1 で他の成分は 0 のヴィット・ベクトルになる. $(1, 0, \cdots, 0)$ が $W_n(\mathbf{F}_p)$ の単位元である. 加法群として, $W_n(\mathbf{F}_p)$ は $(1, 0, \cdots, 0)$ によって生成され, 上記のことから位数 p^n の巡回群になる.

$$\begin{array}{cccc} \varphi : & W_n(\mathbf{F}_p) & \cong & \mathbf{Z}/p^n\mathbf{Z} \\ & (1, 0, \cdots, 0) & \mapsto & 1 \end{array}$$

によって定義される加法群の準同型写像を考えれば, 分配法則によってこの写像は環の同型写像となる.

参考文献

　本書を執筆するために，石田 [3], 服部 [10], ファン・デル・ヴェルデン [11], 森田 [13], Lang [14] などが大変参考になった．ヴィットの理論を解説した日本語の教科書は数少ない．本書でも簡単な記述に止めたが，詳しくお知りになりたい方は藤崎 [12] をご覧いただきたい．そこにはヴィット環の解説を含む体の p^n 次拡大の理論が展開されている．また，体論の特徴のある教科書として永田 [9] がある．ガロア理論の解説をはじめ超越的拡大，付値体，実体の理論が組織的に解説してあり興味深い．標題にガロア理論と銘打つ本もいくつかあるが，ここでは翻訳された海外の本を 3 冊挙げておく ([2], [7], [8])．このうちセール [8] はガロア理論を一通り学び終えた方のための本であり，ガロアの逆問題が扱われている．

[1] 足立恒雄『ガロア理論講義』(日本評論社) 1996.
[2] E. アルティン『ガロア理論入門』(東京図書) 1974.
[3] 石田信『代数学入門』(実教出版) 1978.
[4] 桂利行『代数学 I　群と環』(東京大学出版会) 2004.
[5] 栗原章『代数学』(朝倉書店) 1997.
[6] 酒井文雄『環と体の理論』共立講座 21 世紀の数学 (共立出版) 1997.
[7] I. スチュワート『ガロアの理論』(共立出版) 1979.
[8] J.-P. セール『ガロア理論特論』(株式会社トッパン) 1993.
[9] 永田雅宜『可換体論』(裳華房) 1967.
[10] 服部昭『現代代数学』(朝倉書店) 1968.
[11] ファン・デル・ヴェルデン『現代代数学 I, II, III』(東京図書) 1959.
[12] 藤崎源二郎『体と Galois 理論 1, 2, 3』岩波講座基礎数学 (岩波書店) 1977.
[13] 森田康夫『代数概論』(裳華房) 1987.
[14] S. Lang, *Algebra* (Addison-Wesley Publ. Co.) 1965.

記号一覧

a^{σ_0} 8
$B^n(G,N)$ 94
$\mathbf{C}$ 2
$C^n(G,N)$ 93
D 70
$\deg p(X)$ 3
$D(t_1,\cdots,t_n)$ 89
$D(G)$ 66
$D_i(G)$ 66
Δ 70
$\Delta(t_1,\cdots,t_n)$ 89
$E \tilde{\to} E'$ 8
$E \cong E'$ 8
$E \stackrel{F}{\cong} E'$ 8
E/F 3
$[E:F]$ 5
$[E:F]_i$ 30
$[E:F]_s$ 30
E^G 32
E_s 29
$\mathbf{F}$ 26, 109
$\mathcal{F}(H)$ 45
$\mathbf{F}_p = \mathbf{Z}/p\mathbf{Z}$ 2
$\mathbf{F}_q$ 60
$f^{\sigma_0}(X)$ 13
$Gal(E/F)$ 33

$\mathcal{G}(K)$ 45
$\mathbf{H}$ 2
$H^\perp$ 100
$H^n(G,N)$ 94
J_α 3
L_f 67
$N_{E/F}, N$ 57
$\wp$ 104
$\mathbf{Q}$ 2
$\bar{\mathbf{Q}}$ 16
$\mathbf{Q}(X)$ 5
$\mathbf{Q}(\zeta_m)$ 56
$\mathbf{R}$ 2
$\mathbf{R}_{>0}$ 59
$T(\alpha,\beta)$ 59
$\mathrm{Tr}_{E/F}, \mathrm{Tr}$ 57
$\mathrm{trans.deg}_F E$ 40
$\varphi(m)$ 54
$\Phi_m(X)$ 54
$W_n(F)$ 108
$X(G)$ 99
$[x,y]$ 66
$\mathbf{Z}$ 2
$Z^n(G,N)$ 94
(ζ,θ) 64

索引

ア 行

アーベル拡大　33
アルティン・シュライアー拡大　105
ヴィット環　109
ヴィット・ベクトル　109
n-コサイクル　94
n-コチェイン　93
n-コバウンダリー　94
n-コホモロジー群　94
m-クンマー拡大　99
m 乗根　53
円周等分多項式　54
円周等分方程式　54
延長　8
円の m 分体　56
円分体　56
オイラーの関数　54

カ 行

可解拡大　66
可解群　66
可換環　1
拡大次数　5
拡大体　2
カルダノの公式　73
ガロア拡大　32
ガロア群　33
ガロア・コホモロジー　95
ガロアの基本定理　45
完全体　22
基底　4
共役　9
ギリシャの 3 大作図不可能問題　79
原始 m 乗根　53
交換子　66

──群　66
固定体　32

サ 行

最小多項式　3
最小分解体　12
自己同型写像　9
次数　3, 5
指標群　99
斜体　2
巡回アルティン・シュライアー拡大　105
巡回拡大　33
巡回クンマー拡大　64
純超越拡大　38
純超越的拡大　38
純非分離拡大　22
正規拡大　31
正規底　90
制限　8
素体　20

タ 行

体　2
代数拡大　9
代数学の基本定理　15, 87
代数体　52
代数的　3
　──拡大　9
　──数　16
　──に従属　38
　──に独立　38
　──に閉じている　15
　──閉体　15
　──閉包　15
単純拡大体　6
中間体　3

超越基底　38
超越次数　40
超越数　16
超越的　3
同型　8
　——写像　8
導多項式　20
トレース　57

ナ 行

ノルム　57

ハ 行

ハミルトンの四元数体　2
判別式　70, 89
非分離拡大　22
非分離次数　30
非分離多項式　21
非分離的　22
標数　20
ヒルベルトの定理 90　95
フェラリの公式　75
フェルマー数　82
部分体　2

不変体　32
ブラウアー群　96
フロベニウス写像　26, 109
分解 3 次方程式　75
分解体　12
分離拡大　22
分離次数　30
分離多項式　21
分離的　22
分離閉包　30
べき根拡大　67

マ 行

無限次拡大体　5
モニック　3

ヤ 行

有限次拡大体　5
有理関数体　5

ラ 行

ラグランジュの分解式　64
零化部分群　100

人名表

アイゼンシュタイン	F. G. M. Eisenstein (1823–52)	4
アーベル	S. H. Abel (1802–29)	57
アルティン	E. Artin (1898–1962)	58
ヴィット	E. Witt (1911–91)	86
エルミート	C. Hermite (1822–1901)	16
オイラー	L. Euler (1701–83)	54, 82
ガウス	C. F. Gauss (1777–1855)	15
カルダノ	G. Cardano (1501–76)	73
ガロア	E. Galois (1811–32)	32
クロネッカー	L. Kronecker (1823–91)	57
クンマー	E. E. Kummer (1810–93)	64
ゲルフォンド	A. O. Gel'fond (1906–68)	16
シャファレヴィッチ	I. R. Shafarevich (1923–)	52
シュタイニッツ	E. Steinitz (1871–1928)	16
シュナイダー	T. Schneider (1911–88)	16
シュライアー	O. Schreier (1901–29)	104
ツォルン	M. A. Zorn (1906–93)	18
デデキント	J. W. R. Dedekind (1831–1916)	58
ハミルトン	W. R. Hamilton (1805–65)	2
ヒルベルト	D. Hilbert (1862–1943)	16, 95
フェラリ	L. Ferrari (1522–65)	75
フェルマー	P. de Fermat (1601–65)	82
ブラウアー	R. D. Brauer (1901–77)	96
フロベニウス	F. G. Frobenius (1849–1917)	26
ラグランジュ	J. L. Lagrange (1736–1813)	64
リューロー	J. Lüroth (1844–1910)	44
リンデマン	C. L. F. Lindemann (1852–1939)	16

著者略歴

桂 利行（かつら・としゆき）
1972 年　東京大学理学部数学科卒業.
現　在　東京大学名誉教授.
　　　　理学博士.
主要著書　『符号理論の数理』（東京大学出版会, 2025），
　　　　『楕円曲面』（岩波書店, 2022），
　　　　『代数学 II　環上の加群』（東京大学出版会, 2007），
　　　　『代数学 I　群と環』（東京大学出版会, 2004），
　　　　『代数幾何入門』（共立出版, 1998），
　　　　『正標数の楕円曲面』（上智大学数学講究録
　　　　 no25, 1987）

代数学 III　体とガロア理論　　　大学数学の入門③
─────────────────────────────
　　　　2005 年 9 月 26 日　初　　版
　　　　2025 年 7 月 10 日　第 7 刷

　　　　　　[検印廃止]

著　者　桂　利行
発行所　一般財団法人 東京大学出版会
　　　　代表者 中島 隆博
　　　　153-0041 東京都目黒区駒場 4-5-29
　　　　電話 03-6407-1069　　Fax 03-6407-1991
　　　　振替 00160-6-59964
印刷所　三美印刷株式会社
製本所　牧製本印刷株式会社
─────────────────────────────
ⓒ2005 Toshiyuki Katsura
ISBN 978-4-13-062953-9 Printed in Japan

JCOPY〈出版者著作権管理機構 委託出版物〉
本書の無断複写は著作権法上での例外を除き禁じられています．複写される場合は，そのつど事前に，出版者著作権管理機構（電話 03-5244-5088, FAX 03-5244-5089, e-mail: info@jcopy.or.jp）の許諾を得てください．

代数学 I　群と環	桂　利行	A5/1600 円
代数学 II　環上の加群	桂　利行	A5/2400 円
幾何学 I　多様体入門	坪井　俊	A5/2600 円
幾何学 II　ホモロジー入門	坪井　俊	A5/3500 円
幾何学 III　微分形式	坪井　俊	A5/2600 円
線形代数の世界　抽象数学の入り口	斎藤　毅	A5/2800 円
集合と位相	斎藤　毅	A5/2800 円
数値解析入門	齊藤宣一	A5/3000 円
常微分方程式	坂井秀隆	A5/3400 円
数学原論	斎藤　毅	A5/3300 円
曲率とトポロジー　曲面の幾何から宇宙のかたちへ	河野俊丈	A5/3500 円
符号理論の数理　線形符号と代数幾何・数論・組合せ数学の出会い	桂　利行	A5/4300 円

ここに表示された価格は本体価格です．御購入の際には消費税が加算されますので御了承下さい．